高低畦栽培模式下 冬小麦生长与水氮吸收利用规律研究

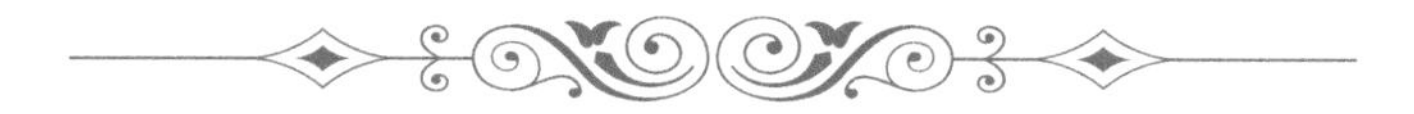

司转运　刘俊明　武利峰　高　阳　段爱旺　等　著

中国农业科学技术出版社

图书在版编目(CIP)数据

高低畦栽培模式下冬小麦生长与水氮吸收利用规律研究/司转运等著.--北京：中国农业科学技术出版社，2022.9

ISBN 978-7-5116-5892-0

Ⅰ.①高… Ⅱ.①司… Ⅲ.①冬小麦-生长-研究②冬小麦-土壤水-利用③冬小麦-土壤氮素-利用 Ⅳ.①S512.1

中国版本图书馆CIP数据核字(2022)第158113号

责任编辑 李 华
责任校对 李向荣
责任印制 姜义伟 王思文

出 版 者 中国农业科学技术出版社
北京市中关村南大街12号 邮编:100081
电 话 (010)82109708(编辑室) (010)82109702(发行部)
(010)82109709(读者服务部)
网 址 https://castp.caas.cn
经 销 者 各地新华书店
印 刷 者 北京建宏印刷有限公司
开 本 170 mm×240 mm 1/16
印 张 11
字 数 180千字
版 次 2022年9月第1版 2022年9月第1次印刷
定 价 78.00元

《高低畦栽培模式下冬小麦生长与水氮吸收利用规律研究》

著者名单

主　著　司转运　刘俊明　武利峰　高　阳

段爱旺

副主著　张寄阳　李　森　杨　婕

参　著　梁悦萍　孙一鸣　于家川　刘树泽

前　言

华北平原是我国重要的粮食生产基地，冬小麦播种面积和产量均居首位，在国家粮食安全中具有重要地位。同时，该地区也是农业水资源严重短缺的区域之一，水资源的刚性短缺制约区域冬小麦产量的进一步提高和农业生产的可持续发展。研究表明，从2005年开始到2050年，世界粮食产量必须增加60%~110%才能满足日益增长的需求。然而，自20世纪80年代以来，粮食产量增长速度开始减缓，甚至在许多地区停滞不前。通过扩大农业用地的方法实现增产，需要的人力和环境成本很高，因此必须发展节水、高产、高效农业，在现有的农田上高效地实现必要的生产收益。

目前，华北平原冬小麦的灌溉方式仍以地面灌溉为主，占到总灌溉面积的85%以上。该地区冬小麦地面灌溉方式主要分为地下水灌溉（称为井灌区）和地表水灌溉（称为渠灌区）两种。井灌区由于地下水位较深，水流速度慢，为便于浇水，实行小畦种植，畦埂占地较多，致使土地利用率不高，光热资源浪费，限制了产量的提高；渠灌区通过渠道系统，从河流或水库等地表水源处引水灌溉，水量一般相对充裕，因此多采用大畦面、长畦进行灌溉，入畦流量通常较大，灌水定额普遍偏大，经常出现严重的地面径流和地下渗漏损失，灌溉水资源浪费严重。

针对井灌区小麦土地利用率低、渠灌区小麦灌水定额高等问题，山东省滨州市农业科学院研发了“冬小麦高低畦种植技术模式”。利用小麦高低畦模式专用的成畦、施肥、播种、镇压一体机，将田地整形为高低畦面交替分布，高畦和低畦均播种小麦；灌溉时，低畦作为水流通道、高畦作为田埂发挥作用。近些年来，本书著者所在的中国农业科学院农田灌溉研究所非充分灌溉原理与新技术团队同山东省滨州市农业科学院合作开展了冬小麦高低畦种植模式的灌溉管理研究，已经显示了这种新的栽培模式具有提高小麦产量，以及发展成为新型地面灌溉节水方式的良好潜力。撰写本书旨在对已有研究成果做进一步梳理、完善和整合，进而系统地描述高低畦栽培模式下冬小麦生长与水氮吸收利用规律，为冬小麦高低畦栽培模式的推广应用提供理论依据和技术支撑。

本书可供从事农业、水利、资源和环境领域的科技工作者及高等院校和科研院所师生等阅读参考。由于著者水平所限，书中难免存在不足之处，恳请读者批评指正。

著　者

2022 年 6 月

目　　录

第一章　绪　论

第一节　研究背景与意义

粮食安全是21世纪人类面临的重大挑战，而这一挑战在气候变化和对土地、水、劳动力及能源日益激烈的竞争背景下可能还会增加，发展高产高效农业是应对这一挑战的核心。研究表明，到2050年，世界粮食产量必须增加60%~110%（从2005年开始）才能满足日益增长的需求（Tilman et al.，2011）。然而，自20世纪80年代以来，粮食产量增长速度开始减缓，甚至在许多地区停滞不前（Patricio et al.，2013）。通过扩大农业用地的方法实现增产需要的人力和环境成本很高，因此必须发展高产高效农业，在现有的农田上高效地实现必要的生产收益。

小麦是世界上最重要的谷类作物之一，也是我国人民最重要的主食之一，并且随着人口的增加，人们对小麦的需求量也在不断增多。华北平原是中国重要的粮食生产基地（Du et al.，2014），其中冬小麦的种植面积在全国占很大比例（Sun et al.，2006），小麦产量占全国总产量的60%~80%（Du et al.，2014），因此该地区冬小麦生产对我国粮食安全意义重大。华北平原水资源匮乏，该地区占全国总面积的15%，人口约占全国总人口的35%，耕地面积占全国的36%，而水资源量仅占全国水资源总量的7.2%。为了解决水资源短缺的问题，迫切需要在该地区发展节水农业，最大可能地提高作物的水分利用效率（Zhang et al.，2007）。同时，由于氮肥的不当施用，我国氮肥利用效率普遍偏低（Ju et al.，2009），这不仅降低了农民获得的经济效益，还导致了严重的环境问题，如地表水和地下水的污染（Tan et al.，2017），并增加温室气体排放（Mehmood et al.，2019）。研究表明，我国平均施氮量为305kg/hm^2，氮素利用效率（作为产品而收获的氮的比例）仅为0.25，而全球平均施氮量为74kg/hm^2，平均氮素利用效率为0.42（Cui et al.，2018；Zhang et al.，2015）。Zhang et al.（2015）表示全球农作物生产的平均氮利用效率需要从0.4提高到0.7，才能满足2050年粮食安全和环境管理的双重目标。

合理的土地管理方法和良好的灌水施肥措施有利于增加作物产量，提高水和肥料的利用效率（Kaur and Arora，2019）。例如良好的土地管理技术能够协调作物与作物之间在空间、时间和平面上的组合方式，能够影响作物群体发育及其资源分布状况。近年来，很多学者尝试引进、改进和研发新的作物栽培方式，研究栽培方式对作物产量和资源利用效率的影响，探索高产高效的栽培方式。华北平原出现多种冬小麦栽培方式，如常规畦作、垄作、高低畦作等，其中畦作在该地区较为普遍。但畦作随麦田群体密度增大，容易导致植株中下部通风、透光不良，不利于群体光合作用和小麦抗逆能力的提高（Wang et al.，2004）。同时，该方式灌水时水流推进阻力大，从而导致灌水效率低和灌水均匀度差。

垄作方式是在田间起垄，作物种植在垄上，在沟中进行灌水的栽培方式（Lal et al.，2004）。垄作冬小麦栽培方式在墨西哥的雅基河流域推广较多（Limon-Ortega et al.，2002），至2001年该流域约84%的小麦采用垄作栽培方式（Roth，2005）。近年来，在灌溉和旱作农业地区该方式被推广试用，如中国、印度、巴基斯坦和印度尼西亚等（Wang et al.，2004；Limon-Ortega et al.，2002；Roth，2005）。山东省农业科学院与国际玉米小麦改良中心（CIMMYT）于1998年开始了冬小麦垄作高效栽培技术的合作研究。研究表明，垄作种植方式有效改善农田小环境、改善土壤物理结构、减少灌水定额、提高水分利用效率和氮肥利用效率（冯波等，2012；李升东等，2009；王旭清等，2005）。平作改为垄作后，田间灌溉方式由畦灌改为沟灌，水流推进速度加快，有效提高灌溉效率和灌溉均匀度。

近年来，针对传统畦作种植模式存在土地利用率低、光热损失大、小麦群体不足等问题，滨州市农业科学院研发了一种小麦高低畦种植模式（耿爱民等，2015；武利峰等，2019），该模式将土地整成高低畦相间的平面，两个畦面均种植小麦，灌溉时只在低畦浇水，高畦通过低畦水分侧渗来满足小麦耗水需求。该方式利用低畦浇水，高畦代替畦埂挡水，过水畦宽减小，束水流急，有效提高了灌溉效率和灌溉均匀度。高低畦种植模式形成的“微梯田”结构，可使土地表面积增加10%左右，增加了吸光吸热，有利于小麦生长发育，全田无埂种植，提高了小麦植株覆盖度、增加光截获面，不仅减少了土壤无效蒸发，同时有利于控制草害。

目前，常规畦作已经在黄淮海地区普遍推广，垄作栽培在该地区也有很大面积推广，针对常规畦作和垄作开展了很多研究。高低畦作作为一种新的栽培方式，其群体发育动态、产量、耗水规律以及水氮利用效率如何？高低畦栽培方式下冬小麦的根系吸水模式是否与其他方式存在差异？冬小麦高低畦栽培模式能否成为黄淮海地区实现高产高效农业的理想方式？这些问题尚不清晰，需要比较系统、充分的研究。因此，本研究以冬小麦的3种栽培方式（畦作、垄作、高低畦作）为对象，着重探讨3种栽培方式下土壤水氮迁移和分布状况、根系吸水来源及吸水深度、冬小麦的群体发育状况、籽粒产量和水氮利用效率，探索适宜华北平原的高产高效栽培方式及节水灌溉方案。

第二节 小麦高低畦栽培方式研发与推广

一、技术研发背景

目前，华北平原冬小麦的灌溉方式仍以地面灌溉为主，占到总灌溉面积的85%以上。虽然经过连续多年大规模的大型灌区节水改造及高标准农田建设，农田灌溉系统得到很大改善，但地面灌田间配水系统的提升仍十分有限。该地区冬小麦地面灌溉方式主要分为地下水灌溉（称为井灌区）和地表水灌溉（称为渠灌区）两种。井灌区由于地下水位较深，水流速度慢，为便于浇水，实行小畦种植，畦埂占地较多，畦埂占到 40cm 左右，致使土地利用率不高，光热资源浪费，群体小限制了产量的提高；而且田间不能封垄，水分蒸发量大，畦埂上还会生长杂草。

渠灌区通过渠道系统，从河流或水库等地表水源处引水灌溉，水量一般相对充裕，因此多采用大畦面、长畦进行灌溉，入畦流量通常较大，灌水定额普遍偏大，经常出现严重的地面径流和地下渗漏损失，灌溉水资源浪费严重。在河流可供水总量普遍紧张的情况下，上游区域的大量引水用水，就会严重制约下游区域小麦生产的可引用水量，进而造成下游小麦严重减产甚至绝产。

针对井灌区小麦土地利用率低和渠灌区小麦灌水定额高的问题，滨州市农业科学院发明了小麦高低畦种植技术，利用专用小麦高低畦成畦、施肥、播种、镇压一体机，将土地整形为高低畦两种畦面交替分布，高畦和低畦均播种小麦；灌溉时，低畦作为水流通道、高畦作为田埂发挥作用。

如图 1-1 所示，一个播种带宽 1.5m，播种 6 行小麦，中间两行在高畦，两侧各有两行在低畦，相邻两个播种带的低畦连接起来，形成低畦四行小麦，田间呈现高畦两行低畦四行的“两高四低”形式。低畦畦面宽 0.8m，高畦畦面宽 0.5m，高畦下部宽 0.7m。两个播种带相连接的两行小麦行间控制在 20cm。高畦与低畦高度差在 12cm 左右。

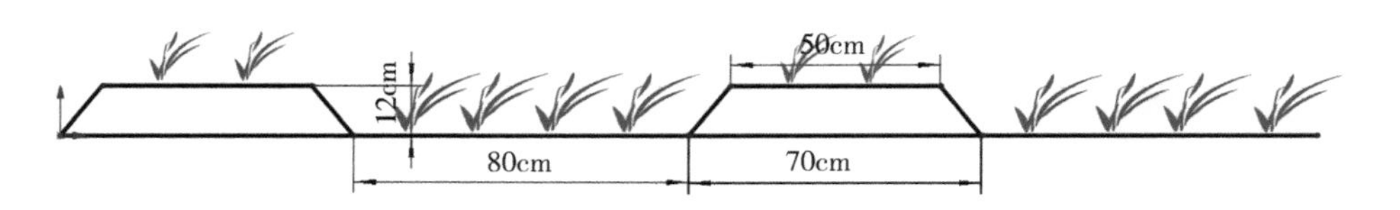

图 1-1　小麦高低畦种植示意图

二、技术示范推广

从 2005 年开始，滨州市农业科学院作物研究所开始小麦高低畦种植技术及配套机械的研发与试验。2014 年，终于成功研发出了小麦高低畦种植技术配套机械（图 1-2、图 1-3），实现了农机农艺的深度融合，为该项技术的推广应用提供了机械化支撑，开始进行大面积示范推广。

图 1-2　六行小麦高低畦播种机

从 2019 年开始，山东省农业技术推广总站在滨州、淄博、枣庄、烟台、泰安、济宁 6 个市利用研发定型的小麦高低畦播种机进行大面积技术示范，累计示范面积达到 20 万亩*，增产节水效果显著，试验示范取得初步成效，目前已有很多种粮大户主动引用该技术。

2016 年，博兴县店子镇 80 亩高低畦小麦实打亩产 690kg，比传统小畦增产 14%。2019 年，邀请专家对博兴县店子镇高低畦百亩示范区现场实打，高低畦亩产 572. 3kg，比传统小畦种植亩产增加 68. 6kg，增产 13. 6%。2020 年，博兴县店子镇高低畦百亩示范区现场实打，高低畦亩

* 1 亩≈667m^2，1hm^2=15 亩，全书同。

图 1-3　十二行小麦高低畦播种机

产 718.1kg，比传统小畦种植对照区亩产增加 76.6kg，增产 11.9%。2021 年，由农业农村部小麦专家常旭虹研究员、山东省农业科学院副院长刘兆辉研究员及山东农业大学、山东省农业技术推广中心、山东省种子管理总站等相关专家组成的专家组，对“小麦高低畦种植技术”示范区进行了实收测产。在博兴井灌区应用“小麦高低畦种植技术”，比传统小畦种植模式增产 12.29%～17.45%。

多年的示范结果显示，仅通过改变一种栽培方式，小麦高低畦种植比传统小畦种植亩增产 50kg 以上，按照小麦最低收购价 2.24 元/kg 计算，可增收 112 元；传统小畦种植模式下，小麦收获后要对畦埂进行一次化学除草，小麦高低畦种植可以减少该项作业，每亩地减少人工成本 10 元、农药 3 元；小麦高低畦种植比大畦种植单次节水 $30m^3$ 以上，按照灌溉两次计算，亩节水 60m^3，降低人工成本与劳动力成本，每亩节本增效 75 元。

三、技术要点

1. 秸秆还田，土地整理

使用秸秆粉碎还田机将玉米秸秆粉碎，均匀铺撒于地面。秸秆粉碎长度应小于 5cm，同时避免局部堆积影响播种质量。之后利用深耕机械将粉碎后的秸秆翻耕混入耕作层中，旋耕 1~2 遍。

2. 小麦高低畦播种

使用专用成畦、施肥、播种、镇压一体机进行高低畦播种，目前推广的有“两高四低”播种机、“四高两低”播种机两种机型。“两高四低”播种机出苗效果见图 1-4。

图 1-4 小麦高低畦种植苗期

3. 肥水管理

低畦浇水，高畦渗灌，高畦不过水，不板结；水道变窄，利于输水；追肥时在低畦串施或撒施，见图 1-5。

图 1-5　小麦高低畦浇水

4. 麦田镇压

冬前或春季麦田镇压，使用专用镇压器（图 1-6）进行镇压，可以沉实土壤、破除板结，增温保墒。

5. 其他田间管理

其他田间管理同常规种植。

图 1-6 小麦高低畦种植专用镇压器

6. 下茬玉米播种

经过一个小麦生育期的沉实，小麦收获后高畦与低畦高度差约 8cm，用当地常用两行玉米播种机进行直播。玉米播种可利用两行式播种机，耧距 60cm，在高畦的两个坡面播种，形成 60~90cm 宽窄行模式；也可以利用深松免耕精密播种机，打破高低畦限制，采用等行距播种。

7. 适宜区域

多年示范推广实践证明，小麦高低畦种植技术适宜黄淮海井灌区、渠灌区，井灌区增产效果显著，渠灌区节水效果显著。

8. 注意事项

应用小麦高低畦种植技术应注意以下几个方面的问题。

（1）该技术不适合盐碱地小麦。

（2）要求土地平整，整地质量好，秸秆还田的地块，秸秆要粉碎，然后深翻、旋耕再进行播种。

（3）由于该技术提高了土地利用率，增加了播种面积，亩播量可以适当增加10%。

（4）播种墒情要好，墒情差时造墒播种或播后及时浇水。

（5）建议采用南北行向种植。

第三节 不同栽培方式研究现状

高低畦栽培模式是一种冬小麦新型栽培和灌溉模式，由于这一模式提出的时间较短，因此针对该模式的研究成果较少，除了本团队（中国农业科学院农田灌溉研究所非充分灌溉原理与新技术团队）和滨州市农业科学院取得的一些研究成果外，还无法检索到完全相匹配的文献资料。高低畦栽培模式，在作物种植上与常规畦作、垄作栽培模式有很大的相似性。而低畦灌水模式，对低畦而言具有畦灌的一些特征，对高畦而言，则与沟灌有些相似。因此，主要从不同栽培方式对土壤水氮分布、冬小麦生长发育及产量、水氮吸收利用效率等方面的国内外研究现状及发展动态展开分析。

一、栽培方式对土壤水分和氮素的影响

作物植株整个生长过程所吸收的水分和养分主要来自土壤，栽培方式可以调整土壤水分和养分贮存能力和分布状况，以影响作物的生长发育及产量的形成。不同栽培方式的土壤水分分布和保水效果差异明显。王旭清等（2005）研究表明，春季灌水（3月25日）前，垄作栽培与传统平作栽培的0~60cm土层土壤含水量无显著差异，60cm以下土层则为垄作显著高于传统平作；灌水后，垄作各层土壤含水量除表层外均显著高于传统平作，特别是深层土壤。但极干旱条件下，垄作的土壤蒸发较强，进行一定的覆盖更能发挥垄作栽培的优势（王同朝等，2005）。由于在沟播和垄

作种植模式的浅层，灌水的“沟”和非灌水的“垄”之间形成了一定的水势梯度差，在夜间冬小麦的蒸腾速率降低，根系可能把深层的土壤水分通过水分再分配作用释放到浅层中，使得垄沟种植模式的深层土壤水降低（李全起等，2009）。吴巍等（2006）研究表明，灌溉后沟播、垄作和畦播 3 种栽培方式土壤含水量的增加量为沟播>垄作>畦播，灌溉 1 周后 3 个处理的土壤水分含量的减少量为沟播<垄作<畦播，畦播处理水分运动最慢。

合理的氮肥供应是提高小麦产量的关键（Wang et al.，2017），小麦植株所吸收的氮素大多来自土壤，栽培方式对土壤氮素的影响研究尤以垄沟栽培较多。研究表明，垄沟栽培影响土壤溶质的迁移，沟中灌水垄上施肥模式能将肥料与向下的水流分隔，可降低氮素的硝化速率，减少氮素的淋失（Jiang et al.，2018）。垄作栽培的增温效应可促进土壤微生物的活动和速效养分的释放，土壤的速效氮含量增加，碱解氮有所上升，而土壤全氮略有下降（谢文等，2007）。冯波等（2012）研究表明，在 $165kg/hm^2$ 和 $264kg/hm^2$ 的施氮量条件下，垄作小麦深层土壤内的硝态氮累积区为 60~80cm 土层，而平作方式则在 80~100cm，垄作土壤硝态氮相对集中积累于较上层土壤。赵允格等（2004）研究表明，成垄压实施肥法存在的大容重障碍层对硝态氮迁移影响明显，随障碍层容重的增加，硝态氮迁移深度减小，其主要累积于 20~40cm 的近地表土层；并且发现，在大田条件下，起垄的坡度对硝态氮迁移影响不明显。起垄覆膜可增加沟内有效降水含量，显著改善作物的农田水分环境，从而影响养分的扩散通量，使土壤养分无效损耗降低，随水分向土壤深层的下渗量增加（Ren et al.，2010）。张宏等（2010）经过连续 6 年的玉米—小麦轮作研究，发现不同栽培模式对土壤全氮含量的影响为覆草>垄沟>常规>节水，0~200cm 土壤剖面硝态氮残留量为垄沟>节水>覆草>常规，其中，垄沟和节水模式的硝态氮累积量较常规栽培显著增加。

二、栽培方式对冬小麦生长发育的影响

栽培方式主要影响小麦的株高、叶面积、分蘖、干物质的积累和转

运、籽粒灌浆等地上部生长发育。起垄可使地表与大气的接触面加大，使垄体升温加快，有利于种子发芽生长（王同朝等，2005），垄作栽培的小麦株型结构和根冠比合理（Ahmadi et al.，2018），且能抑制无效分蘖的发生，并提高分蘖成穗率（李升东等，2008）。研究表明，垄作栽培能够使株高降低，第一、第二节间缩短增粗，且在灌浆中期以前，光合产物向茎秆中分配的比例显著增高，使其倒伏程度明显降低，而在成熟前则加快茎秆中贮藏的干物质向籽粒中转移，促使收获指数提高；且其能够显著增加小麦光合产物向叶片中分配的比例，叶面积指数和单位面积干物质积累量均高于传统平作（Wang et al.，2004；李升东等，2008）。垄沟覆膜栽培能提高小麦分蘖数，一定程度弥补垄沟栽培群体密度不足的缺点（马巧荣等，2010）。董浩等（2014）研究表明，与等行距平作相比，沟播和宽窄行平作均可以使小麦不同叶位的叶面积和叶片中的色素含量提高，叶绿素降解速度减缓，叶片和植株衰老延缓，旗叶的光合速率增强，有利于干物质的积累和籽粒产量的提高。研究发现，株行距均匀分布时成熟期干物质重最大，随均匀性变差干物质的积累减少，行距加大使得干物质积累重心有上移趋势（周勋波等，2008a）。通过缩小宽幅带播栽培的带间距、增加株距以提高群体均匀度，促进麦苗早发健长，冬前优势分蘖增多，小麦花后旗叶中叶绿素含量高且降解缓慢，减缓了植株衰老，籽粒灌浆能力增强且时间延长（冯伟等，2015）。霍李龙等（2017）研究表明，与等行距栽培方式相比，小偃 22 和西农 805 两冬小麦品种的同化物质生产和干物质积累与转运等方面的性状优势在宽窄行栽培模式下能够得到进一步发挥。

栽培方式影响土壤特性和土壤的水肥环境，植物根系为捕获水分和养分也会随着发生适应性变化。王旭清等（2003a；2005）研究发现，垄作栽培的小麦根际土壤疏松不板结，能促进根系发育，使单株次生根数量增加 9.6~19.1 条，0~60cm 根系干重较平作栽培增加 12%以上，增强小麦后期中下层根系的吸收能力，深层土壤根系活力极显著提高。Ahmadiab et al.（2018）研究发现，在充分灌水条件下，垄作冬小麦根系生长显著优于常规畦，但在水分亏缺和雨养条件下差异不显著。陈龙涛等（2012）研究发现，垄沟播（在距离垄底 1/3 处的两边垄帮上进行双行播种）条件下的根系长度高于传统平播，麦苗进入抽穗期后，垄沟处理的根系直径明显增加，吸收能力增强，而平播处理则不明显。赵琳等（2007）研究了常规栽培、地膜覆盖、垄沟栽培和垄播覆膜栽培对冬小麦根系的影响，发现不同栽培方式下的小麦根条数和根冠比存在差异，且根冠比的差异达极显著水平（$P<0.01$）。在返青期，常规栽培和地膜覆盖模式的单株根条数较多，垄沟栽培则在进入拔节期时明显增多；进入抽穗期，垄沟栽培的单株根条数仍不断增加，而地膜覆盖和垄播覆膜栽培则显著降低。

三、栽培方式对冬小麦产量的影响

合理的栽培方式有利于改善田间小气候环境，促进作物的生长发育（Wang et al.，2016），进而提高作物产量。垄沟栽培的小麦群体大小及成穗数均较常规栽培低，但单株产量较高（马巧荣等，2010；李升东等，2008）。马丽等（2011）研究指出，冬小麦和夏玉米一体化垄作栽培比传统平作利于作物的养分吸收，全年两季作物较平作增产幅度达4.5%~10.0%，其中，冬小麦的收获指数和产量分别提高2.13%和4.23%，且其不育小穗数降低，成穗数增加。Li et al.（2016）在陕西关中平原的研究表明，垄沟集雨种植较灌溉平作能显著提高冬小麦的产量。Chen et al.（2018）试验得出我国西北干旱地区春小麦垄作方式的最优水氮方案是灌水2 400m^3/hm^2和施氮180kg/hm^2，可得到最高的产量和水氮利用效率。小麦沟播栽培方式通过改变其群体结构，优化产量构成因素，充分发挥个体生产潜力，使得群体穗数略有减少，但每穗粒数和千粒重却显著提高，从而实现增产（董浩等，2013）。李全起（2006）研究表明，无论在哪种灌溉条件下，沟播冬小麦的产量始终高于垄作和平作，而垄作只有在水分条件较好的情况下才具有增产作用。沟播小麦在低肥力或晚播条件下比畦播明显增产，但在高肥力、适期播种条件下与畦播平产（余松烈，2004）。董浩等（2013）研究了等行距平作、宽窄行平作和沟播3种栽培方式，指出每公顷穗数均表现为等行距平作>宽窄行平作>沟播，穗粒数和千粒重则相反，沟播的千粒重平均为39.2g，比等行距平作高11.4%。邱临静等（2007）研究表明，垄沟栽培的群体密度小使得该栽培模式的增产效应不稳定。

霍李龙等（2017）研究表明，宽窄行较等行距种植对关中灌区各小麦品种均有增产效果，有效穗数显著提高。刘保华等（2012）选用冀南麦区主推的 3 种水肥高效型小麦品种为试验材料，研究了宽窄行条播、12cm 等行距条播和 15cm 等行距条播对小麦产量和产量构成因素的影响，指出不同品种小麦的高产播种方式不同。周勋波等（2008b）研究表明，冬小麦株行距分布相对均匀的产量性状表现较好，而过大的行距会造成严重的水分亏缺，使其早衰而减产。“20+40”小麦栽培模式是运用边行增产效应设计的宽窄行播种方式，使小麦均处于边行生长状态，宽行预留套种秋作物或者间作蔬菜。

四、栽培方式对冬小麦水分和氮素吸收利用的影响

灌溉是粮食作物高产的重要措施，而我国农业用水仍存在明显短缺与浪费的问题（Huang et al.，2017），发展节水农业，提高水分利用效率，对提高我国农业生产水平和国民经济具有重要意义。合理的栽培方式是提高小麦水分利用率的有效措施之一（Zhang et al.，2020）。王旭清等（2002；2005）研究表明，小麦垄作栽培以沟内小水渗灌代替传统平作的大水漫灌，灌水量相同时，垄作栽培渗入深层土壤中的水分显著高于平作，各品种灌溉水的利用率提高均超过 15%。研究表明，与平作相比，垄作方式改变土壤结构，使得植株密度、叶面积和土壤蒸发面发生变化，导致小麦在后期的蒸发蒸腾量和 k_c 值减小（Choudhury et al.，2013）。Wang et al. （2004）研究得出，我国北方冬小麦垄播沟灌栽培方式可节约 30% 的灌溉用水，且可提高冬小麦的水分利用效率。He et al. （2015）开展 6 年的试验发现，相比传统耕作方式，固定道垄作冬小麦产量提升超 3%，水分利用效率提高超过 2.5%。Rady et al.（2020）在埃及进行不同栽培方式和灌溉水平的研究发现，垄作方式可以补偿由于干旱导致的产量下降，并提出在限制土地和水资源的条件下，垄作方式可以在节约 20% 的灌水条件下，提高小麦的生长和产量。

Parihar et al.（2019）在印度恒河平原开展不同耕作方式的研究，并结合 Hydrus-2D 模型模拟，发现保护性耕作（免耕和垄作）相比常规方式显著提高干物质的辐射利用效率，其中固定道垄作方式作物蒸发量最低，单位耗水获得最高的干物质量。沟播栽培方式改善了地表形状，降低土壤棵间蒸发强度（王兴亚等，2017；李全起等，2005），减少灌水量，显著提高水分利用效率。董浩等（2013）研究表明，与等行距平作和宽窄行平作方式相比，沟播增加了地表面积使其显著增加了冬小麦播种至开花期的耗水量和耗水强度，但其土壤贮水量消耗比例和水分利用效率较高。李全起等（2009）研究指出，与等行距平作相比，宽窄行平作、沟播和垄作增加了对播前土壤含水量的消耗，特别是沟播栽培模式对 30cm 以下播前土壤含水量的消耗最明显，但在灌溉条件下，沟播的水分利用效率显著高于等行距平作、宽窄行平作和垄作。Li et al.（2008）研究认为，在灌溉条件下，沟播栽培的冬小麦耗水量有所增加，但产量增幅更大，使得沟播模式较垄作和平作的水分利用效率增高。与传统沟灌相比，分根交替沟灌可减少灌水量，显著提高作物的水分利用效率（Jia et al.，2021；Sarker et al.，2020）。

据统计，我国氮肥消费总量在全球范围内位居第一，其中约 13.8%的氮肥用于小麦生产（Zhang et al.，2016）。因此，合理施肥，提高氮的吸收利用率是农业可持续发展的一个重要因素。小麦垄沟栽培改传统农田平作肥料的撒施为沟内集中条施，降低了挥发面且相对增加了施肥深度，有利于提高养分利用效率（Wang et al.，2004；王旭清等，2003a）。全年作物（冬小麦—夏玉米）一体化垄作栽培较传统平作的氮、磷吸收量分别增加 14.18%和 9.20%（马丽等，2011），小麦的氮肥利用率提高 15.02%（王旭清等，2002）。Li et al.（2016）在陕西关中平原进行了小麦灌溉平作和垄沟集雨栽培的研究，结果表明，垄沟集雨种植能显著增加冬小麦的氮素累积吸收量，但氮肥偏生产力、吸收和利用效率均未发生显著变化。Majeed et al.（2015）报道称，垄作小麦的氮素吸收、氮肥利用效率、氮肥农艺效率和氮肥回收效率分别比平作高 25.04%、15.02%、14.59%和 29.83%。张宏等（2011）研究表明，垄沟、覆草、控水和常规栽培方式的小麦叶片氮素积累量差异显著，垄沟方式的氮肥利用效率和氮肥农学效率最高。

五、栽培方式对田间小气候的影响

有研究认为，群体光截获量的增加使得群体光能利用率降低，而导致产量下降，维持一定的漏光损失量有利于小麦高产（陈雨海等，2003），但会使棵间蒸发加剧，水分无效消耗增加。行株距的合理配置能够优化作物生长的微环境，改善群体冠层结构，有利于作物对光能的利用（杨文平等，2008；张伟等，2006）。周勋波等（2008a）研究指出，行距变小使得冠层覆盖度增大，透射率降低，光截获能力上升。研究表明，常规种植的小麦株距过小使得株间竞争较强，不良的冠层结构使得光、温、水资源难以被充分利用（Wang et al.，2004），适当增大行株距，降低种群密度，能有效地扩大籽粒库容量（Quirino et al.，2000）。霍李龙等（2017）研究发现，宽窄行栽培模式比等行距栽培更能发挥小偃22和西农805两冬小麦品种的冠层光截获能力。陈雨海等（2003）研究表明，等行距种植的均匀群体比大小行种植的不均匀群体具有更高的光截获量和光截获率。垄作栽培方式改善了小麦群体的通风、透光状况（王旭清等，2005），透光率较平作增加5%~15%（王旭清等，2003b），冠层内不同垂直高度的光照强度较传统平作显著升高，光的截获量和植株下部叶片的受光量增加，延缓下部叶片的衰老（李升东等，2008；2009）。研究表明，“20+40”沟播冬小麦灌浆期的冠层光合有效辐射截获率的日均值较等行距平作提高了13.5%（王兴亚等，2017），沟播能显著增加冠层中下部的光合有效辐射截获率，削弱到达地面的辐射能，降低用于空气和土壤增温的热量（Fernando et al.，2002）。

研究表明，冬小麦行株距较均匀分布能明显降低近地面空气温度和0~5cm土壤温度，增加空气湿度，减少棵间蒸发（孙淑娟等，2008），大小行种植的土壤温度较等行距种植显著升高，窄行距种植的群体冠层覆盖度大，可降低到达土壤表面的风速（陈素英等，2006）。王兴亚等（2017）研究表明，相较于30cm等行距平作冬小麦，20cm+40cm沟播的0~15cm土壤温度降低0.4℃，5cm和50cm的空气温度分别降低了0.3℃、0.5℃，空气湿度分别增加了2.8%、3.1%。王旭清等（2005）研究表明，垄作较传统平作栽培的小麦群体内空气湿度降低了3.5%~15.5%。陈龙涛等（2012）对黑龙江省冬小麦垄沟栽培模式进行研究，发现垄台可以防风，沟内能积雪和贮水，使得垄沟播种有增温、保墒的效果。垄沟栽培能显著增加耕层0~5cm处的土壤温度（Angelique et al.，2007；Stephen et al.，2007），特别是在冬小麦越冬到返青阶段，垄上覆膜更能发挥垄沟栽培的表层增温效应，有利于小麦安全越冬。李升东等（2009）研究指出，垄作对小麦冠层温度的影响在小麦品种间存在差异，即垄作栽培能显著降低多穗型小麦扬花期冠层温度，而对大穗型品种作用不明显。

六、利用稳定氢氧同位素分析植物水分来源的研究进展

国内外早期有大量关于植物水分来源研究，大多数都基于根系研究，起初采用根钻挖掘法，但根系挖掘法费时费力，且在清洗中无法获取完整根系，既具破坏性又不可对其进行动态跟踪。随着技术的发展，微根管法、核磁共振法解决了原位连续监测等问题，但是这些方法都存在一定局限，有研究表明植物主要通过活性根来进行水分吸收，根系土壤剖面分布仅能代表水分的可利用性但并不意味水分本身的分布，并且有研究也表明根系的分布往往与植物吸水模式存在时空差异（吴骏恩等，2014）。此外，国内外学者利用植物生理学特征去研究植物的水分来源，但通过植物生理特征来进行定性判断植物水分来源而略显不足，且同样难以定量确定植物根系的吸水层（朱建佳等，2015），而且对于作物不同部位的水分运移机制仍缺乏系统的研究，很多机理性研究结果相互矛盾，通过同位素技术可以进一步探索植物对水分的利用过程（杜太生等，2011）。

1. 稳定同位素确定植物水分来源的基础理论

稳定氢氧同位素（δD和$\delta^{18}O$）作为水的“指纹”，在判定植物利用水分来源方面不仅具有较高的灵敏度、准确性，而且可以定量研究植物吸收水分的来源（Dawson et al.，2002），因此优于上述传统的植物水分来源

研究方法。在作物生长过程中，其根系可吸收利用多种潜在水源，包括自然雨水、土壤贮水、灌溉用水、地下水、露水等（王卓娟等，2015；Fu et al.，2016）。由于自然界的一些物理过程（蒸发、入渗等）会使水中的同位素发生分馏，使得多种潜在水源的氢氧同位素有着显著的差异（Cao et al.，2018）；由于土壤水分被植物根系吸收至木质部途中未发生同位素分馏，所以植物木质部的 δD 和 $\delta^{18}O$ 能够反映出植物根系对不同潜在水源的贡献（李雪松等，2018；Beyer et al.，2018）。各潜在水源之间发生不同程度的“分馏”和根系吸收土壤水分的“不分馏”，这两个理论使利用 δD 和 $\delta^{18}O$ 定量计算植物水分来源成为可能。

2. 大气降水量线——雨水中氢氧同位素的关系

首先，植物所有潜在水源的“初始水源”都是天然降水，降水中的氢氧同位素被认为是了解全球气候变化的核心，因此研究降水中 δD 和 $\delta^{18}O$之间的关系即大气降水量线对植物水分来源是有重要意义的。Craig（1961）采集世界许多地区降水，首次发现了 δD 和 $\delta^{18}O$ 具有显著相关关系，并由此提出全球大气降水量线方程（GMWL）：$\delta D=8\times\delta^{18}O+10$。Wetzel（1988）结合瑞利冷凝蒸发模型，经过重新计算，确定的全球降水量线方程为：$\delta D=7.82\times\delta^{18}O+8.90$。郑淑蕙等（1983）根据瑞利分馏，得出我国大气降水量线方程为 $\delta D=7.9\times\delta^{18}O+8.2$。由于受纬度、大陆、季节、高度等效应，造成我国不同地区降水量线方程的截距和斜率存在差异，国内外学者开展了大量的研究。

不同区域大气降雨线都有各自的“个性”，即 LMWL 方程的斜率和截距，而造成这一差异的主要原因是水汽在运移（蒸发、凝结、降落等过程）中发生了不同等级程度的同位素分馏。为了研究 LMWL 与 GMWL 在斜率和截距上具有明显差异的原因，Dansgaard（1964）最早提出了氘盈余（D-excess）的概念即 $D\text{-}excess=\delta D-8\times\delta^{18}O$，世界范围内 D-excess均值为 10‰。通过氘盈余可以直观反映出降水蒸发强度以及凝聚过程的不平衡程度等，同时也可以反映地区的地理气象特征（郝玥等，2016）。

3. 利用稳定同位素确定植物水分来源的几个模型

对于陆生植物而言，除了少数旱生和盐生植物在吸水过程中可能会发生分馏，直接采集不同潜在水源样品（如不同土层土样）和植物木质部水样，通过分析它们的 δD 和 $\delta^{18}O$，由同位素质量守恒方程，量化植物根系对不同潜在水源吸收的贡献率，从而确定土壤中植物根系主要吸水层，也即根系最活跃的区域（Phillips et al.，2003）。利用质量守恒方程确定不同潜在水源贡献率的基本原理见式（1-1）至式（1-3）。

$$D = f_1 \times \delta D_1 + f_2 \times \delta D_2 + \cdots + f_n \times \delta D_n \tag{1-1}$$

$$\delta^{18}O = f_1 \times \delta^{18}O_1 + f_2 \times \delta^{18}O_2 + \cdots + f_n \times \delta^{18}O_n \tag{1-2}$$

$$f_1 + f_2 + \cdots + f_n = 1 \tag{1-3}$$

式中，δD（$\delta^{18}O$）是植物木质部水样的氢（氧）同位素比值；δD_i（$\delta^{18}O_i$）为潜在水源 i 的氢（氧）同位素比值；f_i 为潜在水源 i 对植物水分的贡献率，所有潜在水源贡献率 f_i 之和为 1。当然，在确定不同水源的贡献率时，对于供给水源的考虑必须全面，若某供给水源未被考虑或是将未被植物利用的水源考虑进来，都可能导致计算的其他水源的贡献率偏大或偏小（余绍文等，2011）。

（1）几何图像模型。该方法可以简单快捷地判定植物的主要吸水源，但前提是假设植物生长只利用某个单一供给水源。实际应用时，将植物木质部的 δD（或 $\delta^{18}O$）与各供给水源的 δD（或 $\delta^{18}O$）进行对比即可判断植物主要吸水层（Rossatto et al.，2012）。例如，Wu et al.（2016）通过比较西双版纳热带植物园橡胶农林系统（橡胶树与其他间作植物——茶、咖啡、可可）茎干水的 δD 和 $\delta^{18}O$ 与土壤水 δD 和 $\delta^{18}O$ 的交点，发现橡胶树在干旱时期主要利用深层土壤水，而其他间作植物则吸收浅层土壤水（图 1-7）。

（2）IsoSource 模型。若植物吸水来源只有 3 个，可直接通过上述公式直接估算。但潜在吸水来源数量在 3 个以上时，计算各个水源的贡献率便会变得极其复杂，Philips et al.（2003）开发了 IsoSource 软件，很好地解决了研究植物吸水过程中多种水源贡献率的计算难题，该方法通过用频率直方图来表示出各潜在水源的贡献比例范围，得出的收敛区域即为根系吸

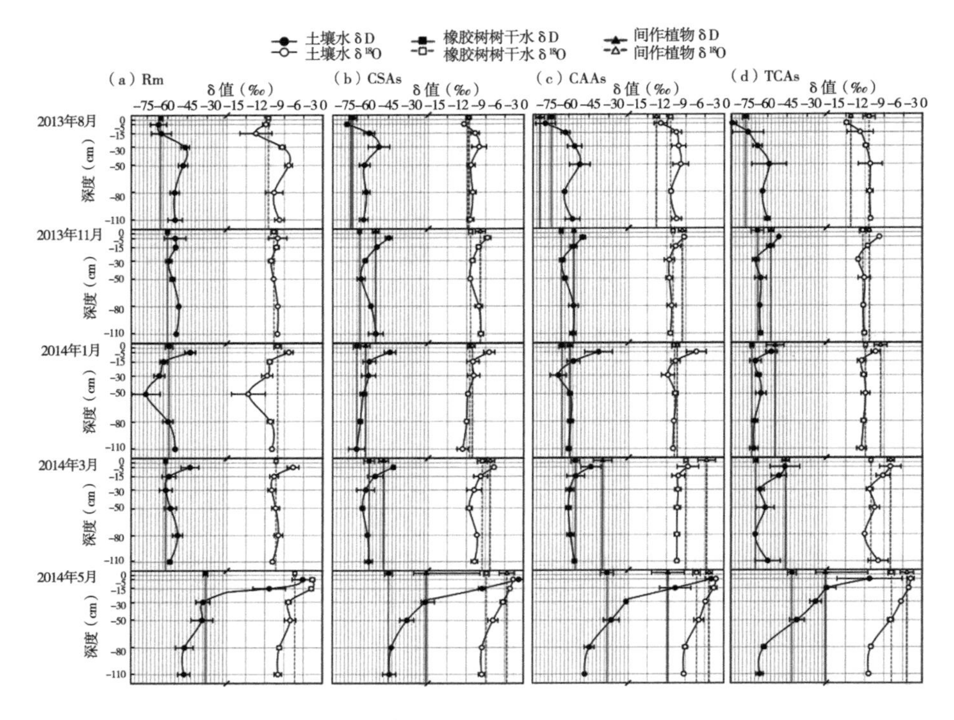

图 1-7　(a) Rm，(b) CSAs，(c) CAAs 和 (d) TCAs 4 个地区的土壤水同位素组成及其剖面上的剖面变化梯度

注：该图引自 Wu et al.（2016）。

水层（李文静等，2019）。吴有杰（2017）利用 IsoSource 模型计算交替沟灌条件下不同时期玉米根系吸水比例，在玉米前期对 20～40cm、中期对 40～60cm、后期对 60～80cm 土壤水吸收比例分别为 81%（74%～92%）、80%（62%～90%）、48%（16%～68%）。可见，IsoSource 模型提供基于统计结果的最大概率解和可能组合解。

（3）贝叶斯模型。几何图像法忽略了植物水分通常是由多种潜在水源混合供给的现实，而 IsoSource 模型尽管可以在一定程度上解决根系吸水的多源性和不确定性问题，但该模型没有充分考虑由于数据来源的不确定性而无法具体明确各供水来源的贡献。为了解决这一难题，科学家们开发了基于贝叶斯理论的同位素混合模型，包括 MIXSIR、SIAR、MIXSIAR 等模型，其强大的逻辑分析能力和计算能力大大提高了各潜在供给水源对植物茎秆（树干）水贡献比例的准确性（郭辉等，2019）。Wang et al.（2019）通过对不同模型评价发现，与 SIAR 和 MIXSIR 模型相比，MIXSIAR 模型在植物水分来源显著提高了贡献比例计算的准确性。

4. 稳定同位素确定植物水分来源的应用

稳定同位素技术可以准确剖析植物与水分两者之间的关系。近年来，基于 δD 和 $\delta^{18}O$ 技术研究植物水分利用模式主要体现在两个层面：一是确定植物根系主要吸水层及其季节动态变化，二是各潜在水源对植物吸水的贡献比例及其变化。

目前，已有一些研究利用 δD 和 $\delta^{18}O$ 同位素分析了作物的根系吸水深度。例如王鹏等（2013）利用 δD 和 $\delta^{18}O$ 同位素研究了夏玉米在不同生育期的水分来源，结果显示，夏玉米根系吸水深度经历着由浅层转向深层土壤，而后变浅层土壤的过程，表现为生育早期根系主要利用浅层土壤 0~20cm（96%~99%），生育中期吸水深度加深至 20~50cm（58%~85%），生育后期又主要利用浅层 0~20cm（69%~76%）。Wu et al.（2016）研究表明，夏玉米根系吸水深度却是逐渐加深，表现为生育早期吸水深度为 20~40cm（74%~92%），生育中期为 40~60cm（62%~90%），生育后期为 60~80cm（16%~68%）。造成这一差异的原因可能和生境不同以及田间管理方式的不同有关。Zhao et al.（2018）研究了华北平原典型的轮作冬小麦—夏玉米农田，发现夏玉米在拔节期、抽穗期、灌浆期、成熟期的根系吸水深度依次为 0~20cm（48.6%）、20~40cm（32.6%）、40~120cm（36.7%）、0~20cm（35.0%）；冬小麦在拔节期、开花期、灌浆期、成熟期的根系吸水深度分别为 0~20cm（45.2%）、0~20cm（34.8%）、0~20cm（25.2%）、0~20cm（67.8%）。

上述研究主要探讨了不同作物不同时期对土壤水的吸收利用变化，即根系吸水深度在生育期内存在明显的塑性变化。近年来，有研究结合作物根系吸水深度的季节变化进行优化灌溉制度。例如，Zhang et al.（2011）发现冬小麦在整个生育期的水分来源主要为 0~40cm 土层，因此建议将传统灌溉计划湿润层深度 100cm 设置为 40cm。Wu et al.（2018）针对不同生育期作物根系吸水层，设置了适宜不同时期的灌溉计划湿润层。同样，杨斌（2016）研究黑河流域玉米的根系吸水深度，同时结合灌溉水在各层土壤的入渗比例，比较灌溉入渗深度和作物吸水深度，发现该区农田玉米的灌溉湿润深度远超于作物根系吸水深度。

第四节　存在的问题与研究需求

目前，常规畦作和垄作栽培在该地区已有很大面积推广，针对常规畦作和垄作开展了很多研究。高低畦作作为一种新的栽培方式，已经有研究表明其具有高产、节水、控草等诸多优势，但其群体发育动态、产量、耗水规律以及水氮利用效率尚不清晰。冬小麦高低畦作能否成为研究区域最理想的栽培方式？因此，需要针对此栽培方式开展系统的研究，探索适宜于华北平原的高产高效的栽培方式及节水灌溉方案。

第五节　研究内容

本试验以华北平原典型的农作物冬小麦为研究对象，采用常规畦作、垄作和高低畦作 3 种栽培方式，设置 3 个灌水定额，进行了 3 年田间试验，系统分析了不同栽培方式和灌溉水平下麦田土壤水分和硝态氮时空变化、冬小麦群体发育指标、根系吸水规律、籽粒产量及构成、水氮吸收及利用效率，在综合高产和水肥资源高效利用的基础上，探索适宜于该地区的高产高效的栽培方式，研究内容如下。

一、麦田土壤水分和硝态氮时空变化

通过每 7～10d 周期性观测，关键时期加密观测各小区不同位点处土壤水分含量、硝态氮含量，分析不同栽培模式和灌溉水平对土壤水分和土

壤氮素运移及其分布的影响。

二、冬小麦群体发育指标与产量

冬小麦生育期内定期观测冬小麦群体密度、株高、叶面积、生物量等生长发育指标，收获期取样测定产量及考察产量构成，研究不同栽培方式和灌溉水平下冬小麦生长发育状况和产量形成，分析不同栽培方式下冬小麦产量差异的构成要素和驱动因素。

三、麦田耗水规律和水分利用效率

结合降雨、灌水、土壤含水量等资料计算冬小麦不同生长阶段耗水量及耗水强度、全生育期耗水量及耗水来源，计算水分利用效率，探讨不同栽培方式麦田水分消耗规律和水分利用效率。

四、冬小麦植株氮素吸收及氮肥利用效率

冬小麦生育期内定期取样测定各器官全氮含量，计算植株氮素吸收量和氮肥利用效率，分析不同栽培方式和灌溉水平下冬小麦氮素吸收及利用效率的状况。

五、不同水源 δD 和 $\delta^{18}O$ 同位素的动态变化

分析农田中不同水源 δD 和 $\delta^{18}O$ 同位素的时空变化规律：采集降水、灌溉水、土壤水、小麦茎秆水，分析不同水源 δD 和 $\delta^{18}O$ 同位素的分布特征，确定当地大气降水线（LMWL：Local meteoric water line）和土壤水线（SWL：Soil water line）、作物茎秆水（XWL：Xylem water line）的 δD－$\delta^{18}O$的拟合关系。

六、不同栽培方式下冬小麦水分来源

对比冬小麦茎秆水和不同深度土壤水的δD和$\delta^{18}O$同位素，利用几何图像模型法确定冬小麦的根系吸水深度；利用MIXSIAR模型确定不同生育阶段冬小麦的水分来源及各潜在水源的贡献比例；分析冬小麦根系吸水深度的季节变化，比较灌溉入渗深度和作物吸水深度，对不同栽培方式的灌溉制度进行优化，建立水分高效利用的栽培模式。

第二章　试验材料与方法

第一节　试验区概况

该试验于2017—2020年在山东省滨州市博兴县店子镇马庄村（118.29°E，37.06°N；13m）进行。试验区地处鲁北平原，地貌类型为黄河冲积平原，该区多年平均气温12.5℃、日照时数2 595h，无霜期180d。多年平均降水量601mm，降水年内、年际变化大，6—9月降雨占全年的70%～80%，而冬小麦生育期的降雨仅占20%～30%，属于典型的温带大陆性季风气候区。该区域是华北平原重要的冬小麦生产区，作物种植模式以冬小麦—夏玉米一年两熟为主，试验区地下水位埋深大于30m。

分层测定试验田0～100cm土层土壤剖面的物理性质，其中土壤粒径采用BT-9300HT型激光粒度分析仪测定，田间持水量采用田测法测定，凋萎系数用高速离心法测定，土壤容重和土壤饱和含水量通过环刀法测定。试验田土壤质地为粉沙壤土，0～100cm土层平均干容重为1.50g/cm^3，田间持水量为22%（质量含水量），0～100cm土层土壤物理特性参数详见表2-1。试验田块地势平坦，土壤肥力均匀，在播种前取样测定土壤的养分含量，0～40cm土层土壤基础养分状况见表2-2。

表 2-1　试验田 0~100cm 土层土壤的物理性质

土壤深度（cm）	黏粒（%）	粉粒（%）	沙粒（%）	田间持水量（g/g）	饱和含水量（g/g）	容重（g/cm^3）
0~20	5. 25	78. 55	16. 20	0. 25	0. 32	1. 41
20~40	6. 33	77. 74	15. 94	0. 21	0. 26	1. 52
40~60	7. 63	76. 89	15. 48	0. 21	0. 24	1. 54
60~80	8. 23	76. 92	14. 85	0. 21	0. 25	1. 53
80~100	8. 79	78. 90	12. 31	0. 21	0. 24	1. 52

表 2-2　2017—2020 年试验田块 0~40cm 土层土壤基础养分状况

年份	土层深度（cm）	全氮（mg/g）	土壤有机质（%）	土壤碱解氮（mg/kg）	土壤速效钾（mg/kg）	土壤速效磷（mg/kg）	土壤硝态氮（mg/kg）
2017—2018	0~20	0. 84	1. 43	70. 16	149. 56	12. 72	9. 78
	20~40	0. 72	1. 22	49. 21	105. 58	8. 61	7. 05
2018—2019	0~20	0. 89	1. 47	66. 72	124. 13	12. 92	10. 72
	20~40	0. 78	1. 31	52. 09	101. 09	12. 49	7. 19
2019—2020	0~20	1. 03	1. 51	63. 28	98. 71	13. 13	9. 01
	20~40	0. 92	1. 39	54. 97	96. 61	14. 36	6. 81

冬小麦生育期有效降雨、最高气温和最低气温见图 2-1，其中 2017—2018 年、2018—2019 年和 2019—2020 年冬小麦生育期有效降水量分别为 253. 5mm、95. 5mm 和 162. 7mm。2017—2018 年降雨较多，主要是因为 2017—2018 年 5 月 15—16 日连续降雨 103mm 所致。

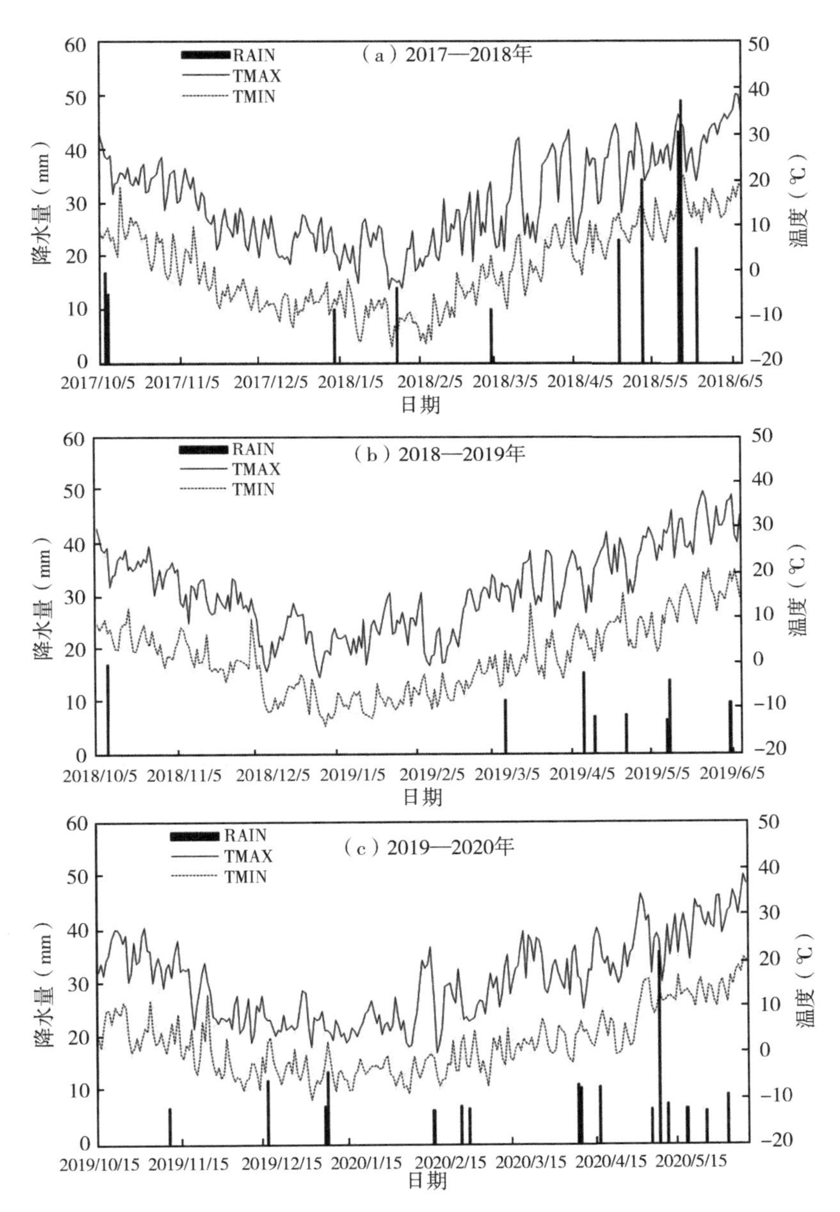

图 2-1　2017—2020 年冬小麦生育期降水量（RAIN）、最高气温（TMAX）和最低气温（TMIN）

第二节　试验设计

3年试验均采取裂区设计，其中主区包括3种栽培方式：（1）常规畦作（TC）：采用当地常用的种植模式（畦宽150cm，畦上播种4行小麦，平均行距30cm），作为本试验的对照处理。（2）垄作（RC）：幅宽75cm，垄体高20cm，垄面宽35cm，垄上种2行小麦，行距为15cm。（3）高低畦作（HLSC）：幅宽150cm，高畦畦面宽约45cm，低畦畦面宽约90cm，高低畦面高度差为15cm；高畦播种2行小麦，低畦播种4行小麦。3种栽培方式及冬小麦田间布设方式如图2-2和图2-3所示。

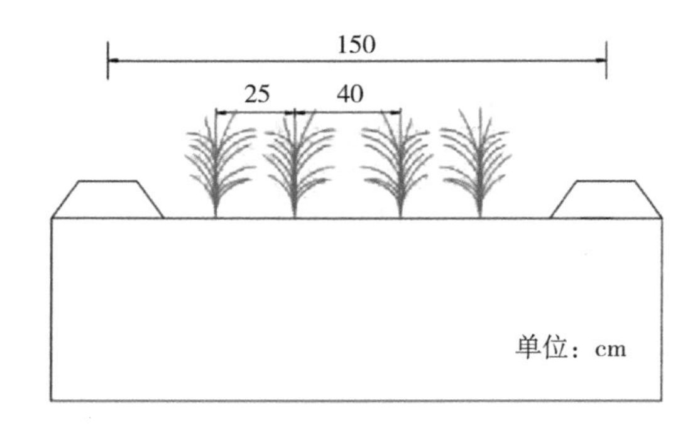

（a）常规畦作（TC）

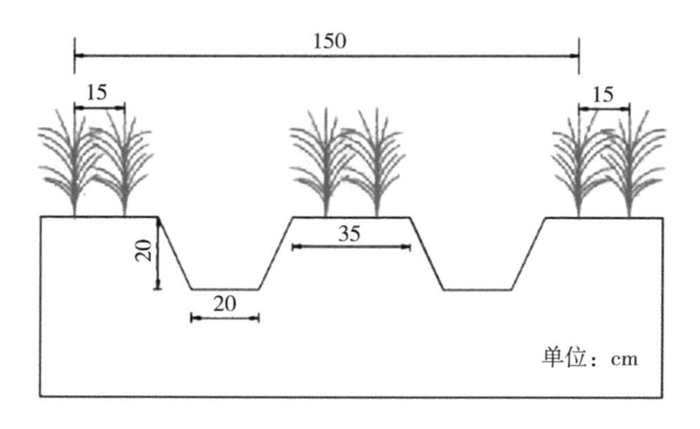

（b）垄作（RC）

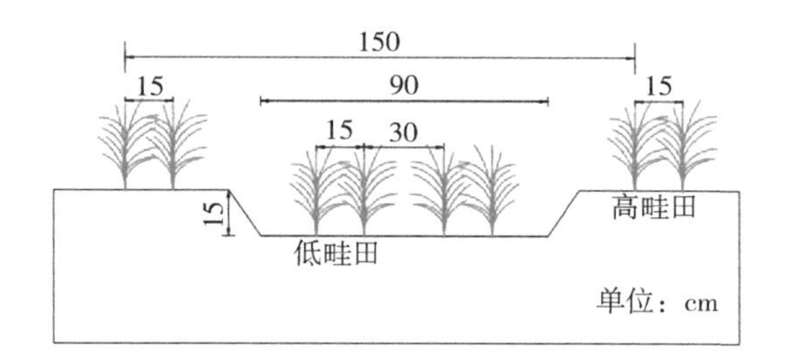

（c）高低畦作（HLSC）

图 2-2　3 种种植方式示意图

图 2-3　3 种种植方式田间示意图

副区设置 3 种灌水定额，分别为：高水处理（H），灌水定额与当地常规栽培模式的灌水定额相同，即 90mm（2017—2018 年 TC 方式仅设置高水处理）；中水处理（M），灌水定额为高水处理的 80%，即 72mm；低水处理（L），灌水定额为高水处理的 60%，即 54mm。生育期内通过监测土壤含水量来进行灌溉，当 TCH 处理的 0~100cm 土层土壤平均含水量降到田间持水量的 55%~60%时即实施灌溉。2017—2018 年进行了两次灌水，分别在越冬前和拔节期进行；2018—2019 年和 2019—2020 年均进行了 3 次灌水，分别在越冬前、拔节期和开花期进行。不同灌溉水平的灌水时间和灌水总量见表 2-3。3 种栽培方式与 3 个灌溉水平交互为 9 个处理（2017—2018 年共 7 个处理），每个处理重复 3 次，共计 27 个小区（2017—2018 年共 21 个小区）。每个小区长 20m，宽 6m。

另在相邻地块设置试验测定 3 种栽培方式下灌溉水水流推进和消退规律，TC、RC 和 HLSC 方式的长度均设置为 80m。水流推进试验于越冬前进行，采用水泵抽取井水进行灌溉，水泵出水流量为 $30m^3/h$。试验区田面坡度为 1/800~1/500，入畦（沟）流量为 $30m^3/h$，灌水定额设置为 90mm，用水表和秒表控制流量和灌水定额，每种栽培方式设置 3 个重复。

表 2-3　不同灌溉水平的灌水时间及灌水总量

灌溉水平	灌水定额（mm）	2017—2018 年		2018—2019 年		2019—2020 年	
		灌水时间	灌水总量（mm）	灌水时间	灌水总量（mm）	灌水时间	灌水总量（mm）
高水（H）	90	2017. 11. 13	180	2018. 11. 15	270	2019. 11. 23	270
中水（M）	72	2018. 4. 2	162	2019. 3. 28	216	2020. 3. 20	216
低水（L）	54		144	2019. 5. 10	162	2020. 5. 7	162

注：3 个灌溉水平的灌水时间一样。2017 年 11 月 13 日 3 个灌水处理均灌水 90mm。

2017—2018 年冬小麦品种采用当地的主栽品种济麦 22，2018—2019 年和 2019—2020 年采用品种济麦 23。2017—2018 年和 2018—2019 年于 10 月 5 日播种，6 月 8 日收获。2019—2020 年于 10 月 15 日播种，6 月 8

日收获。3种栽培方式的播种量均为120kg/hm^2。氮、磷、钾肥分别选用尿素（含N量45%）、重过磷酸钙（含P量40%）和氯化钾（含K量60%），施用量为N 240kg/hm^2+P 120kg/hm^2+K 120kg/hm^2。钾肥和磷肥作为基肥在冬小麦播种前一次性撒施于地表，然后旋耕混入土壤。氮肥分两次施入，播种时50%氮肥与磷钾肥一起撒施，其余50%的氮肥在拔节期灌水前一次性追施。3种栽培方式追施的氮肥施入位置为：TC方式均匀撒施于畦面，RC方式撒施于沟中，HLSC方式均匀撒施于低畦，氮肥撒施后即进行灌水。

常规畦作播种机、垄作播种机、高低畦作播种机见图2-4至图2-6。

图2-4　常规畦作播种机

图 2-5　垄作播种机

图 2-6　高低畦作播种机

第三节　观测项目及观测方法

一、水流推进及灌水质量评价

从畦（沟）首开始，沿畦（沟）长方向，每 10m 设一个具有刻度的直尺作为测点，记录水流前锋推进至测点处的时间，并且在整个试验过程中每 5min 记录一次测点处的水深，直至观测点处没有水层或连成片的水注，即可得到大田水流推进与消退的实测资料。

水流推进后第 5 天沿畦（沟）长方向 20m、40m、60m 和 80m 处取土测定各点位的土壤含水量。采用灌水效率（E_a）和均匀系数（DU）评价不同栽培方式的灌水质量（范雷雷等，2019），计算方法见式（2-1）、式（2-2）。

$$E_a = \frac{Z_n}{Z_a} \times 100\% \tag{2-1}$$

$$DU = \frac{Z_i}{Z_{avg}} \times 100\% \tag{2-2}$$

式中，Z_n为作物根系贮水层内平均增加水量（mm）；Z_a为试验田平均灌水量（mm）；Z_i为灌溉水入渗量最小的 1/4 田块内的平均入渗水量（mm）；Z_{avg}为平均入渗水量（mm）。

二、土壤水分及作物耗水量计算

土壤含水量测定方法：使用取土钻田间取土样，采用烘干法（105℃烘至恒重）测定土壤质量含水量。

取样日期：冬小麦返青前在播种时、越冬前和越冬期进行取样，返青后每隔 7~10d 取样测定土壤含水量。另外，每次灌水后第 5 天取样测定土壤含水量。

取样位点：常规畦作方式（TC）直接在小区内取样；垄作方式（RC）分别在垄上（RC-R）和沟中（RC-F）进行取样；高低畦方式（HLSC）分别在高畦（HLSC-H）和低畦（HLSC-L）进行取样。取样深度为0~10cm、10~20cm、20~30cm、30~40cm、40~60cm、60~80cm、80~100cm、100~120cm和120~150cm。

土壤贮水量（Soil water storage，SWS）依据式（2-3）计算（Wu et al.,2015）

$$SWS = \sum_{i}^{n} h_i \times \rho_i \times b_i \times 10 \qquad (2-3)$$

式中，SWS为土壤贮水量（mm）；h_i为第i个土层深度（cm）；ρ_i为第i个土层的土壤容重（g/cm^3）；b_i为第i个土层的土壤质量含水量；n为土层个数。

冬小麦耗水量（ET_a）采用水量平衡法计算（Fang et al.，2008），见式（2-4）。

$$ET_a = P + I + U - R - D_w + \Delta SWS \qquad (2-4)$$

式中，P为有效降水量（mm）；I为灌水量（mm）；U为地下水补给到0~150cm区域的水量（mm）；R为地表径流量（mm）；D_w为渗漏到150cm以下的水量（mm）；ΔSWS为土壤贮水量的变化（mm）。其中TC方式的土壤贮水量计算取垄上和沟中贮水量的平均值，HLSC方式的贮水量取高畦和低畦贮水量的平均值。由于试验地较平整且各处理小区周围都筑有畦埂，径流损失（R）可以忽略。本试验中最大灌水定额为90mm，相当于0~100cm土层土壤含水量从田间持水量的60%提升到90%，灌溉水几乎不会入渗到150cm土层以下，因此D_w可忽略。试验田区域地下水位较深（>30m），没有地下水补给现象，因此U忽略不计。式中有效降水量P值如下。

（1）当实际降水量小于5mm时，P值为0。

（2）当实际降水量介于5mm和50mm之间时，P值等于实际降水量。

（3）当实际降水量大于50mm时，P值等于实际降水量乘以系数0.8。

三、同位素样品的测定及根系吸水比例计算

（一）同位素样品测定

在冬小麦生长期间，需要测定降雨、灌溉水、土壤水、茎秆水和露水等样品的氢氧同位素值，各样品的收集方法如下。

降雨样品：用量雨筒收集降雨（在上方安装圆形漏斗），在其漏斗口放一乒乓球，目的是为了防止雨水蒸发。降雨结束后，用干净的样品瓶收集水样，而后用 Parafilm 膜密封，迅速冷藏处理。

灌溉水样品：灌溉水取样于地底下约 100m 深的地下水，取样时分别在不同时间段（每隔 1h 取样）进行多次取样，迅速装入样品瓶用 Parafilm 膜密封，迅速冷藏处理。

土壤水样品：在冬小麦返青后，每隔 5～7d 进行土样采集，采样位置与土壤含水量测定一致。由于冬小麦根系最深可达到 200cm，因此采样土层总深度为 150cm，共分 10 个层次测定，依次为 0～5cm、5～10cm、10～20cm、20～30cm、30～40cm、40～60cm、60～80cm、80～100cm、100～120cm 和 120～150cm（而 HLSC 栽培方式的低畦有所不同，为 0～5cm、5～10cm、10～15cm、15～30cm、30～45cm、40～60cm、60～80cm、80～100cm、100～120cm 和 120～150cm）。样品一部分采用烘干法测定土壤含水量，一部分采用 LI-2000（LICA，China）植物土壤水分真空抽提系统提取土壤中的水分，抽提效率大于 98%（Yang et al.，2015）。

茎秆水样品：为防止采集的茎秆水样品发生同位素分馏，在样品采集过程中剪去地表以上 3～5cm 深度的冬小麦茎部并选择长势良好相似的 3～5 株小麦，在蒸腾较为强烈即同位素稳态时（Isotopic steady state，ISS）13：00—15：00 时段采样，采用 LI-2000（LICA，China）植物土壤水分真空抽提系统提取冬小麦茎秆中的水分，抽提效率大于 98%。

各类水样的 δD 和 $\delta^{18}O$ 都使用比率质谱法测定：样品经自动进样器注入 Flash 2000HT 元素分析仪进行高温裂解生成 CO 与 H_2，最终由 DELTA V Advantage 质谱仪测得稳定同位素比值。测定结果用 V-SMOW（标准平

均大洋水）标准校正，见式（2-5）。

$$\delta\ (‰) = (R_{sample}-R_{standard})\ /R_{standard}\times 1\ 000=R_{sample}/R_{standard}-1 \tag{2-5}$$

式中，δ 为各水样的氢氧同位素组成（‰）；R_{sample} 和 $R_{standard}$ 指各水样样品和标准样品的重轻同位素之比（$^{18}O/^{16}O$ 或者 D/H）。

（二）根系吸水来源比例计算

计算冬小麦根系吸水来源的比例时，由于 MIXSIAR 充分考虑小麦茎秆水（混合物）和土壤水（贡献源）同位素值的潜在不确定性，同时兼顾了 MIXSIR 和 SIAR 的优势，显著提高了贡献比例（Stock et al.，2018；Wang et al.，2019），因此计算的准确性采用稳定氢氧同位素混合 MIXSIAR 模型进行分析。本研究中冬小麦吸水来源（0～150cm 土壤水分）划分为 10 层：0～5cm、5～10cm、10～20cm、20～30cm、30～40cm、40～60cm、60～80cm、80～100cm、100～120cm 和 120～150cm，即 10 种不同水分来源；其中 RC 栽培方式下冬小麦根系吸水来源考虑垄和沟；HLSC 栽培方式下高畦和低畦上冬小麦根系吸水来源考虑各自对应垂直深度的土层。

四、土壤硝态氮和铵态氮

在播种期、越冬期、返青期、拔节期、开花期、灌浆期和收获期，以及灌水后第 5 天取土样测定土壤含水量时，将每层土样分出来一部分保存于 4℃的冰箱，用于测定土壤硝态氮和铵态氮含量。测定时取 10g 土样，加 50mL 2mol/L 的 KCl 浸提液，振荡 30min 后过滤，最后用 AA3 流动分析仪（Seal Analytical Inc. AA3-HR USA）测定土壤硝态氮和铵态氮含量。土壤硝态氮积累量的计算方法见式（2-6）。

$$硝态氮累积量\ (kg/hm^2) = 土层厚度\ (cm)\ \times 土壤\ NO_3^-\text{-}N\ 含量\ (mg/kg)\ \times 土壤容重\ (g/cm^3) \tag{2-6}$$

五、群体密度、株高、叶面积指数和生物量

冬小麦出苗后，各小区在长势均匀的区域用尺子量取 1m 小麦样段，两端用白杆标记（高低畦方式高畦和低畦小麦均进行标记）。在冬小麦各生育期查取 1m 行的小麦株数，结合各栽培方式的规格和小麦行距计算各小区冬小麦的群体密度。

冬小麦越冬期、返青期、拔节期、开花期、灌浆期和收获期，在每个小区长势均匀的地方取苗（高低畦方式在高畦和低畦均取苗），用剪刀剪去根部以下的部分，然后随机选取 40 株小麦作为样本。选取其中 10 株测定小麦株高和叶面积。

株高的测定方法为：抽穗前用直尺测定小麦根部到叶尖处的距离，抽穗后测定小麦根部到穗部顶端的距离。

叶面积的测定及计算方法为：用直尺测定叶片的叶长和叶宽，单叶叶面积=叶长×叶宽×0.85，然后结合群体密度计算冬小麦叶面积指数（Leaf area index，LAI）。

测定株高和叶面积后，将 40 株小麦分解为茎、叶和穗 3 部分，分别盛装，在烘箱内于 105℃下杀青 30min，然后于 75℃下烘干至恒重，然后分别称取 3 部分的干重，最后结合群体密度计算单位面积的生物量。

六、植株全氮含量

冬小麦植株各部分（茎、叶、穗）烘干称重后分别装袋，用于测定植株全氮含量。测定方法为：各部分干物质进行研磨粉碎，过 0.5mm 筛，然后用 $H_2SO_4-H_2O_2$ 进行消煮，用 AA3 流动分析仪（Seal Analytical Inc. AA3-HR USA）测定样品的全氮含量。不同器官的氮素吸收量用干重与器官的全氮含量乘积计算获得，单株氮素吸收量为所有器官氮素吸收量的总和，群体氮素积累量用平均单株养分吸收量乘以各时期群体密度获得。

七、产量及相关指标

冬小麦成熟后，每个小区选取 10 株有代表性的植株进行室内考种，测定株高、穗长、有效小穗数、无效小穗数、穗粒数等指标。同时，每个小区选取有代表性的1.5m^2进行收获，即 TC 和 RC 方式选取 4 行 1m 长小麦段进行收获，HLSC 方式的高畦（HLSC-H）选取 2 行 1m 长的小麦段进行收获，低畦（HLSC-L）选取 4 行 1m 长的小麦段进行收获。各小区小麦收获后单独脱粒，籽粒装于尼龙网袋内，经自然风干后称重，换算成单位面积产量。然后从每个网袋的籽粒中各取1 000粒小麦，分别称重记录为千粒重。

八、水分和氮素利用效率

水分利用效率（WUE）和生物量的水分利用效率（WUE_{AB}）根据式（2-7）和式（2-8）计算。

$$\mathrm{WUE} = \frac{Y}{10 \times ET_a} \tag{2-7}$$

$$\mathrm{WUE_{AB}} = \frac{\mathrm{AB}}{10 \times ET_a} \tag{2-8}$$

式中，Y 为籽粒产量（kg/hm^2）；ET_a为作物总耗水量（mm）；AB 为收获期地上部生物量（kg/hm^2）。WUE 表征单位耗水量所能产生的作物的籽粒产量（kg/m^3），WUE_{AB}表征单位耗水量所能产生的地上部的生物量（kg/m^3）。

氮肥利用效率（NUE）、氮肥生理利用率（NPE）及氮肥偏生产力（NPFP）根据式（2-9）至式（2-11）计算。

$$\mathrm{NUE} = \frac{(U - U_0)}{N} \tag{2-9}$$

$$\mathrm{NPE} = \frac{Y}{U} \tag{2-10}$$

$$NPFP = \frac{Y}{N} \tag{2-11}$$

式中，U 为施氮处理植株氮素积累量（kg/hm^2）；U_0为不施氮处理植株氮素积累量（kg/hm^2）；N 为施氮量（kg/hm^2）。NUE 表征作物对施入土壤中的氮肥的回收效率（kg/kg）；NPE 表征单位植株吸氮量所能产生的籽粒产量（kg/kg）；NPFP 表征单位投入的氮肥所能产生的籽粒产量（kg/kg）。

九、数据处理方法

采用 SPSS 24.0 中一般线性模型进行方差分析（ANOVA），以检验栽培方式和灌溉水平对冬小麦生长指标、籽粒产量、水分利用效率、氮肥吸收及利用效率的影响。采用邓肯法（Duncan）进行多重比较（$\alpha = 0.05$）。

第三章　不同栽培方式和灌溉水平下土壤水分和氮素分布状况

第一节　不同栽培方式下水流推进状况与灌水质量评价

一、水流推进状况

水流推进试验是在小区试验的相邻地块进行，测定3种栽培方式下灌溉水水流推进状况，其中TC、RC和HLSC方式的长度均设置为80m（图3-1）。水流推进试验于越冬前进行，采用水泵抽取井水进行灌溉，水泵出水流量为30m^3/h。试验区田面坡度为1/800~1/500，入畦（沟）流量为30m^3/h，灌水定额设置为90mm，用水表和秒表控制流量和灌水定额。

图3-2为3种栽培方式下灌溉水沿畦长不同位置的水流推进时间。可以看出，灌溉水流推进到距畦首相同距离的位置，RC方式所需的时间明显少于TC方式和HLSC方式。2017—2018年，水流推进到40m时，TC方式、RC方式和HLSC方式所用时间分别为10.28min、3.63min和9.43min，水流推进至畦尾或沟尾时，TC方式和HLSC方式分别需要耗时33.39min和30.66min，而RC方式耗时不足12min。由于RC方式的幅宽（垄宽+沟宽）为0.75m，而TC和HLSC方式幅宽为1.5m，将RC方式的两个幅宽的水流推进时间与TC和HLSC方式进行比较，可得出灌溉相同面积的麦田，RC方式比TC方式节约29.23%的时间，HLSC方式比TC方

图 3-1　不同栽培方式水流推进过程的观测

式节省 8.16%的时间（灌溉时间设定为水流推进至畦尾或沟尾的时间）。2018—2019 年，水流推进至畦尾或沟尾时，TC 方式、RC 方式和 HLSC 方式分别需要耗时 34.25min、10.82min 和 31.75min，灌溉相同面积的麦田，RC 方式比 TC 方式节约 36.80%的时间，HLSC 方式比 TC 方式节省 7.28%的时间。2019—2020 年，水流推进至畦尾或沟尾时，TC 方式、RC 方式和 HLSC 方式分别需要耗时 32.03min、12.57min 和 29.87min，灌溉相同面积的麦田，RC 方式比 TC 方式节约 21.50%的时间，HLSC 方式比 TC 方式节省 6.74 %的时间。

进一步分析不同栽培方式下灌溉水的推进速度，结果见表 3-1。随着水流从首端向末端推进，3 种栽培方式下水流推进速度均逐渐变缓。3 年试验结果，TC 方式的平均水流推进速度分别从 8.60m/min 逐渐减小为 1.61m/min，RC 方式的水流推进速度从 25.79m/min 逐渐变缓为 3.88m/min，HLSC 方式的水流推进速度从 9.10m/min 逐渐变缓为

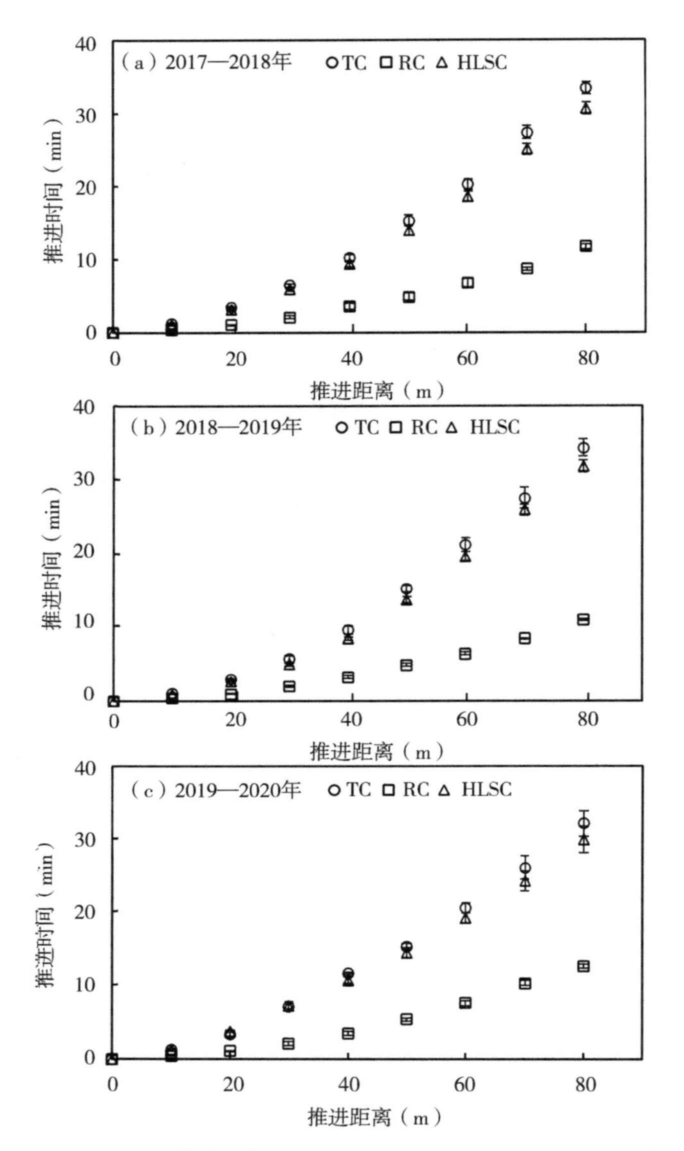

图 3-2　不同栽培方式下灌溉水流推进时间（2017—2020 年）

注：TC 为常规畦作；RC 为垄作；HLSC 为高低畦作。误差线表示标准误。

1.76m/min。对比不同栽培方式，RC方式的水流推进速度明显高于TC方式，HLSC方式的水流推进速度略高于TC方式。水流推进至0~10m处位置时，RC方式的水流推进速度为TC方式的3倍，HLSC方式的水流推进速度较TC方式提高5.87%；水流推进至30~40m处位置时，3年试验TC、RC和HLSC方式的水流推进平均速度分别为2.52m/min、7.53m/min和2.92m/min，RC方式的水流推进速度为TC方式的3倍，HLSC方式的水流推进速度较TC方式提高15.69%；水流推进至70~80m处位置时，RC方式的水流推进速度为TC方式的2.41倍，HLSC方式的水流推进速度较TC方式提高9.16%。

表3-1 不同栽培方式下灌溉水流推进速度（2017—2020年）

推进距离（m）	水流推进速度（m/min）								
	2017—2018年			2018—2019年			2019—2020年		
	TC	RC	HLSC	TC	RC	HLSC	TC	RC	HLSC
0~10	7.87	23.61	8.58	9.75	27.47	10.56	8.16	26.3	8.16
10~20	4.55	14.56	4.97	5.33	17.30	6.07	5.18	15.36	4.02
20~30	3.34	9.76	3.64	3.69	9.86	4.35	2.67	10.75	2.95
30~40	2.68	7.14	2.91	2.61	8.07	2.93	2.28	7.38	2.90
40~50	2.05	7.42	2.19	1.84	6.17	1.91	2.89	5.37	2.70
50~60	2.02	5.45	2.20	1.72	6.65	1.68	1.91	4.52	2.43
60~70	1.43	5.70	1.57	1.60	5.30	1.59	1.91	4.08	2.05
70~80	1.67	3.25	1.79	1.49	4.00	1.70	1.68	4.38	1.78

二、灌水质量评价

水流推进后第5天，在距离畦（沟）首不同位置取土测定各点位土壤含水量，分析不同栽培方式的沿畦（沟）长不同距离的土壤水分分布状况。图3-3描述了不同栽培方式下距畦（沟）首不同距离的麦田土壤水分分布状况。由于RC和HLSC方式改变了表层土壤构造，田面不在同一平面上。因此，本章分析土壤含水量，采用3种栽培方式的灌水面为零参照面，即TC方式以畦面为零参照面，RC方式以沟面为零参照面，HLSC方式以低畦为零参照面。由图3-3（a）可以看出，TC方式下距离畦首20m、40m和60m处的相同土层土壤水分分布一致，3个点位0~120cm土层平均土壤含水量分别为19.75%、19.79%和19.81%。TC方式距离畦首80m处（畦尾）的各层土壤水分偏低，0~120cm土层平均土壤含水量为18.69%，原因是TC方式水流推进速度较慢，推进至畦尾的灌溉水量很少，没有充分补充该点位的土壤水分。对于RC方式，由于灌溉水在沟中推进，水流推进速度较快，灌溉水很快推进至沟尾，距离沟首不同距离的麦田灌水入渗时间相差不大。由图3-3（b）和图3-3（c）可以看出，RC方式的垄上（RC-R）和沟中（RC-F）距离沟首20m、40m、60m和80m处的相同土层土壤水分均分布一致。RC-R距离沟首20m、40m、60m和80m处的0~120cm土层平均土壤含水量分别为20.08%、20.24%、20.02%和20.33%，RC-F距离沟首20m、40m、60m和80m处的0~120cm土层平均土壤含水量分别为20.22%、20.61%、20.30%和20.90%。同时可以看出，RC-R表层的土壤含水量较低，距沟首20m、40m、60m和80m处的表层土壤含水量分别为17.91%、15.48%、16.14%和17.06%，明显小于相同点位RC-F的表层土壤含水量。对于HLSC方式，灌溉水在HLSC方式的低畦（HLSC-L）推进，高畦（HLSC-H）土壤通过低畦土壤水分的测渗来获得水分。HLSC-L距离畦首不同位置的各土层土壤水分分布一致，距离畦首20m、40m、60m和80m处的0~120cm土层的土壤含水量分别为19.36%、19.30%、19.10%和18.96%。HLSC-H距离畦首20m、40m和60m处的各土层土壤水分分布一致，但80m处深层土壤含水量小于其他3个位点相同土层的土壤含水量。HLSC-H距离畦首20m、40m、60m和80m处的0~120cm土层平均土壤含水量分别为19.20%、19.38%、18.80%和18.29%。

根据灌水前后不同点位土壤含水量计算3种栽培方式的灌水效率（E_a）和均匀系数（*DU*），结果如表3-2所示。E_a反应灌后贮存在计划湿润层中的水量占总灌水量的百分比，可以看出，计划湿润层的选择对E_a的计算结果影响很大，3种栽培方式下计划湿润层为80cm的E_a分别比计

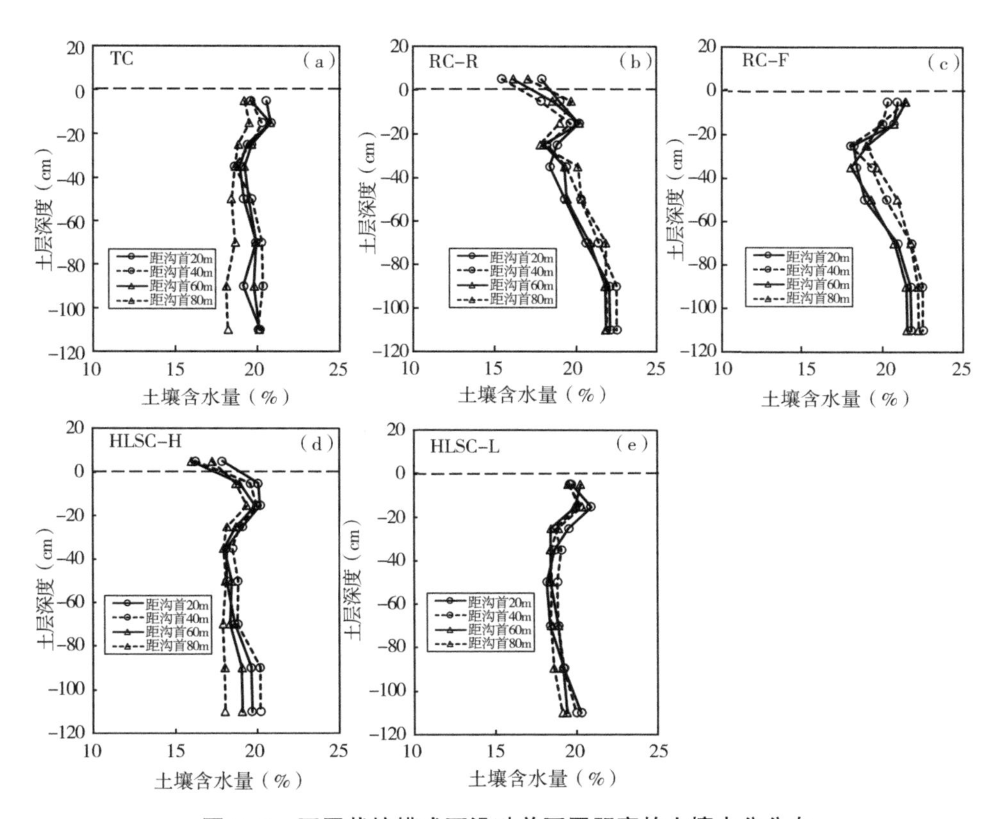

图 3-3　不同栽培模式下沿畦首不同距离的土壤水分分布

注：RC-R 为垄作的垄；RC-F 为垄作的沟；HLSC-H 为高低畦作的高畦；HLSC-L 为高低畦作的低畦；土壤含水量数据均为质量含水量。

划湿润层为 60cm 时提高 24.15%、30.14%和 23.13%。本研究水流推进试验在冬小麦生育初期进行，根系较浅，计划湿润层取 60cm。HLSC 方式的 E_a最高（$E_a=68.84$），而 RC 方式的 E_a最低（$E_a=59.68$），这可能与不同栽培方式的过水宽度不同有关。李久生等（2003）开展畦田规格对灌水效率影响的田间试验发现，不一定畦越窄灌水效率越高，在生产中要结合出水流量和试验土壤选择获得较高灌水效率的畦宽。

DU 反映灌水入渗量沿畦（沟）长分布的均匀程度。结果表明，RC

方式的灌水均匀度最高（DU = 94.65），其次是 HLSC 方式（DU = 92.66），TC 方式的均匀度最低（DU = 76.42）。分析原因，TC 方式畦宽偏大，水流推进速度慢，灌溉水推进至畦尾的水量较少，导致畦尾土壤入渗水量偏小。RC 方式由于灌水沟的存在，水流推进速度较快，灌溉水沿沟长不同点位的入渗量较均匀。HLSC 方式相比 TC 方式过水畦宽减小，水流推进速度加快，灌溉水更容易推至畦尾，使得尾部的灌溉水入渗量增加。

表 3-2　不同栽培方式的灌水质量评价

灌水质量评价指标	TC	RC	HLSC
E_a（计划湿润层 80cm）	79.15	77.67	84.77
E_a（计划湿润层 60cm）	63.76	59.68	68.84
DU	76.42	94.65	92.66

综上，RC 方式水流推进速度最快，灌溉水推进相同距离的时间明显小于 TC 和 HLSC 方式。HLSC 方式相比 TC 方式过水畦宽变窄，水流推进速度优于 TC 方式。HLSC 方式的灌水效率最高，灌水均匀度虽然略低于 RC 方式，但相比 TC 方式明显增加。

第二节　不同栽培方式和灌溉水平下麦田土壤水分状况

一、返青期土壤水分分布状况

图 3-4 显示返青期不同栽培方式下麦田土壤含水量。图中数据表明，3 年试验各处理返青期土壤含水量在表层最小，土壤含水量随着土层深度增加逐渐增大，深层土壤含水量处于较高水平。例如，2017—2018 年，

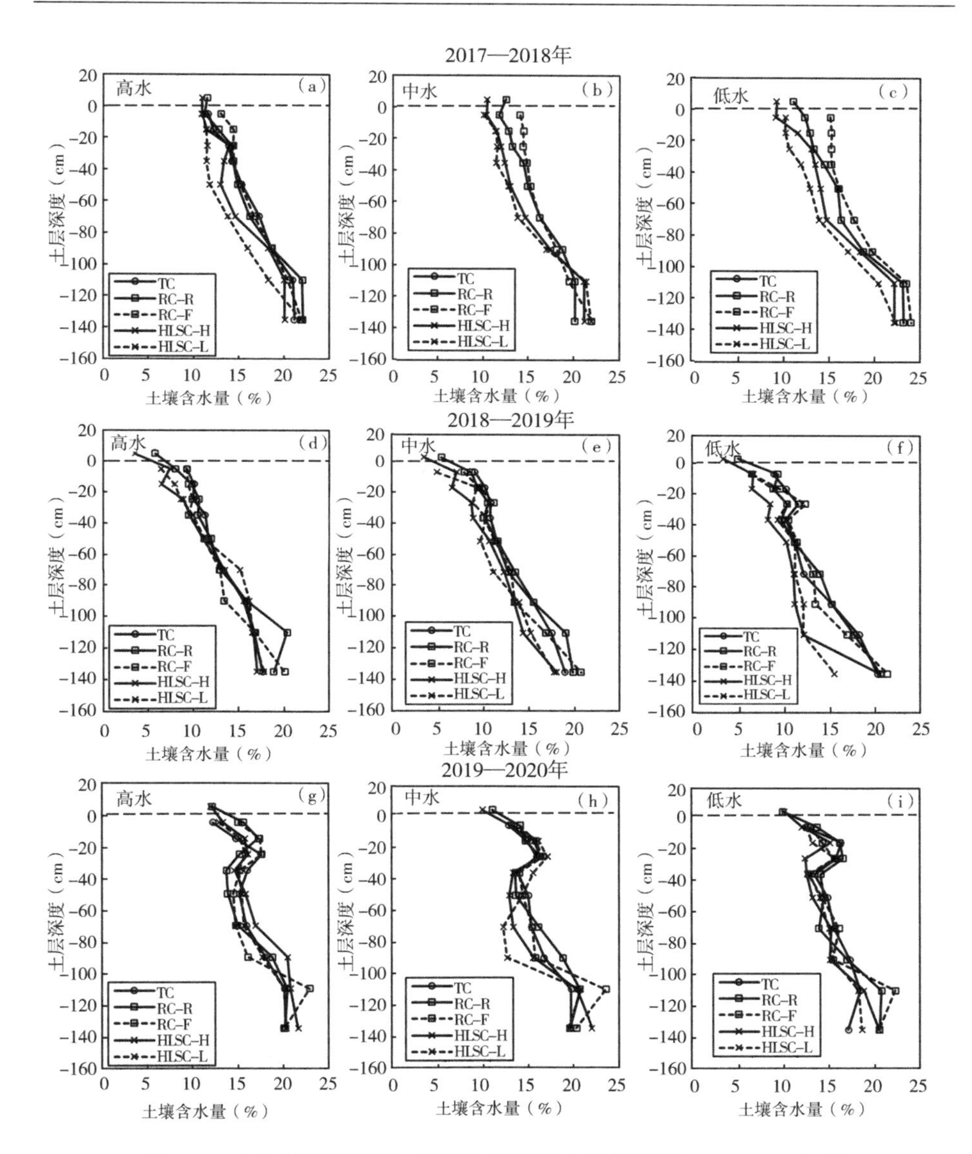

图 3-4　不同栽培模式和灌溉水平下冬小麦返青期 0~150cm 土层土壤水分分布（2017—2020 年）

注：TC 表示常规畦作；RC-R 为垄作的垄；RC-F 为垄作的沟；HLSC-H 为高低畦作的高畦；HLSC-L 为高低畦作的低畦。

TC、RC-R、RC-F、HLSC-H 和 HLSC-L 下 0~40cm 土层的土壤含水量分别为 12.99%、13.13%、14.55%、11.91%和 11.05%，40~80cm 土层的土壤含水量分别为 16.33%、15.74%、16.18%、13.98%和 13.16%，而 80~150cm 土层的土壤含水量分别为 20.25%、20.74%、20.85%、20.07%和 19.56%。这是因为冬小麦返青后，大气温度逐渐升高，植株逐渐恢复生长，植株蒸腾和土壤蒸发消耗大量水分，而返青阶段冬小麦根系较浅，主要消耗浅层土壤水分，导致浅层土壤水分较低。相比其他两季，2018—2019 年返青期麦田土壤含水量整体偏低，TC、RC-R、RC-F、HLSC-H 和 HLSC-L 下 0~40cm 土层的土壤含水量分别为 10.14%、9.59%、9.56%、7.70%和 8.35%，40~80cm 土层的土壤含水量分别为 12.03%、12.45%、12.13%、11.41%和 11.54%，而 80~150cm 土层的土壤含水量分别为 17.29%、18.10%、16.98%、15.38%和 15.20%。这是因为 2018—2019 年冬小麦生育期降雨较少，播种至拔节前降雨仅为 26.8mm，没有太多的降雨补给土壤。对于不同栽培方式，返青期 HLSC 方式的土壤含水量稍低于 TC 和 RC 方式，2017—2018 年 TC、RC 和 HLSC 方式的 0~150cm 土层平均土壤含水量分别为 16.52%、16.87%和 14.83%，2018—2019 年 TC、RC 和 HLSC 方式的 0~150cm 土层平均土壤含水量分别为 13.15%、13.14%和 11.63%，2019—2020 年 TC、RC 和 HLSC 方式的 0~150cm 土层平均土壤含水量分别为 16.09%、16.21%和 15.60%。这说明 HLSC 方式在播种—返青期消耗了更多的土壤贮水量。

二、拔节期土壤水分分布状况

冬小麦在拔节期进行灌水和追施氮肥，图 3-5 显示了拔节期灌水后第 5 天不同栽培模式下各土层土壤水分状况。相比返青期各处理麦田土壤水分状况，拔节期灌水后麦田各土层土壤含水量显著提高，2017—2018 年，TC、RC 和 HLSC 方式的 0~30cm 土层的土壤含水量分别为 20.54%、19.14%和 19.32%，30~80cm 土层的土壤含水量分别为 19.48%、18.40%和 17.71%，80~150cm 土层的土壤含水量分别为 22.12%、20.58%和 20.53%；2018—2019 年，TC、RC 和 HLSC 方式的 0~30cm 土

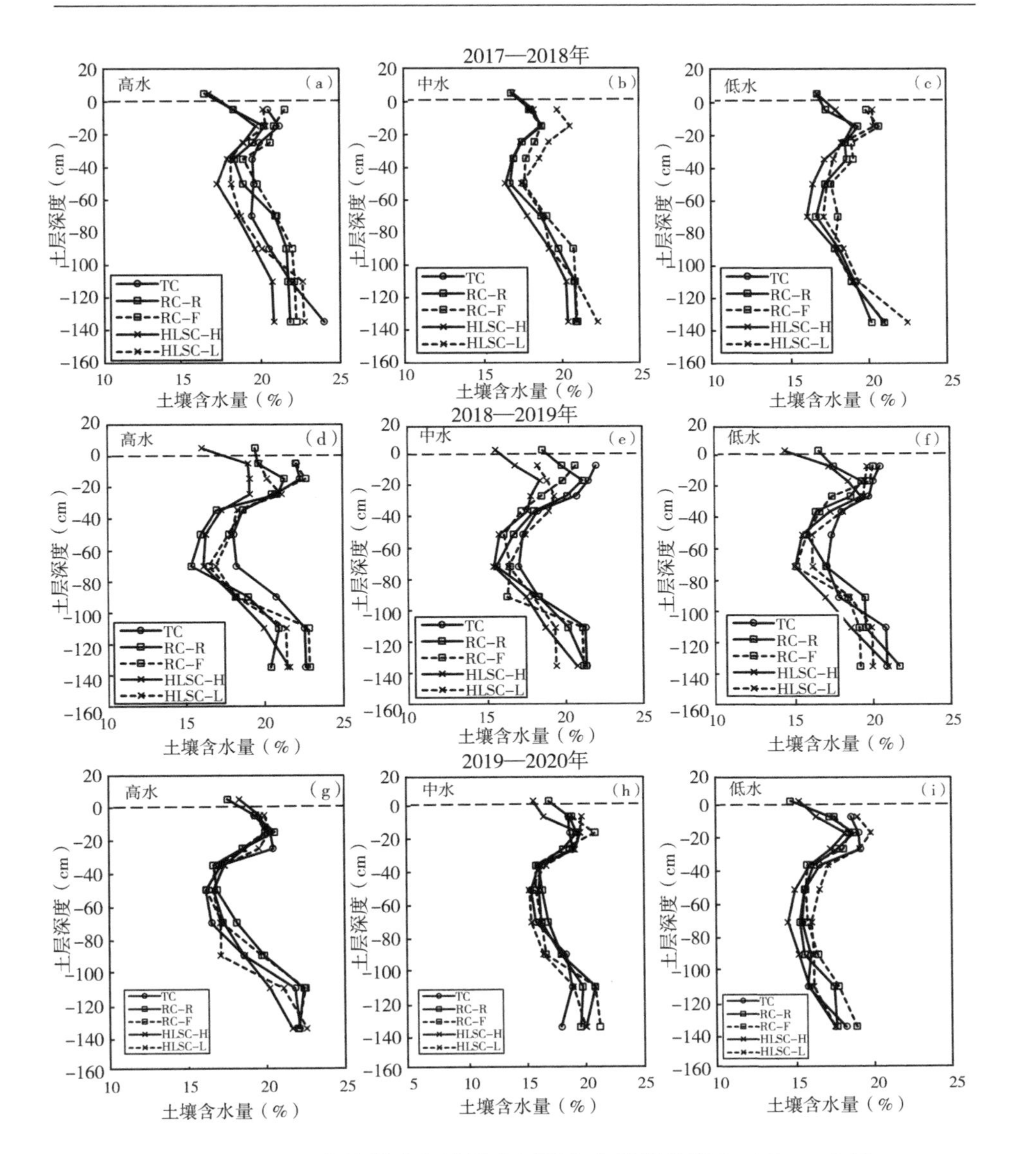

图 3-5　不同栽培模式和灌溉水平下冬小麦拔节期 0~150cm 土层土壤水分分布（2017—2020 年）

注：TC 表示常规畦作；RC-R 为垄作的垄；RC-F 为垄作的沟；HLSC-H 为高低畦作的高畦；HLSC-L 为高低畦作的低畦。

层的土壤含水量分别为21.07%、19.98%和19.16%，30~80cm土层的土壤含水量分别为17.76%、16.54%和16.99%，80~150cm土层的土壤含水量分别为20.70%、19.98%和19.45%；2019—2020年，TC、RC和HLSC方式的0~30cm土层的土壤含水量分别为19.21%、18.75%和19.13%，30~80cm土层的土壤含水量分别为16.05%、16.27%和16.32%，80~150cm土层的土壤含水量分别为18.59%、19.31%和18.48%。可以看出，灌水后第5天，0~30cm土层的土壤含水量明显高于30~80cm土层，一方面原因是30~40cm土层是犁底层，土质较硬，灌溉水向30~40cm土层的土壤入渗的速度较慢；另一方面是30~80cm土层土质紧实，土壤容重比较大，土壤的持水能力差。80~150cm土层的土壤含水量较高，这是因为拔节前降水和冬灌水入渗到该土层，而早期小麦根系较浅，没有利用深层土壤水分，致使这部分土壤水一直贮存于深层土壤中。

RC方式垄体（RC-R）的表层土壤含水量明显低于沟中（RC-F）的表层土壤含水量，HLSC方式高畦（HLSC-H）的表层土壤含水量明显低于低畦（HLSC-L）表层土壤含水量，且均低于TC方式表层土壤含水量。如2018—2019年TC、RC-F和HLSC-L的表层土壤含水量分别为21.51%、20.91%和19.22%，而RC-R和HLSC-H的表层土壤含水量较小，分别为18.18%和15.34%；2019—2020年TC、RC-F和HLSC-L的表层土壤含水量分别为18.78%、18.56%和19.51%，而RC-R和HLSC-H的表层土壤含水量较小，分别为16.37%和16.36%。图3-6为灌水后RC和HLSC方式的实拍图，形象地反映了灌水后RC和HLSC方式表层土壤的湿润状况。可以发现，由于RC-R和HLSC-H的土壤水分是通过水分测渗获得，其表层土壤在灌水后仍处于较为干燥的状况。由于土壤蒸发强度与土壤含水量密切相关，垄体和高畦表层较低的土壤含水量大大减少了土壤水分蒸发。同时可以发现，不考虑表层土壤时，RC-R和RC-F的相同土层土壤水分分布一致、HLSC-H和HLSC-L的相同土层土壤水分分布一致，且均与TC方式的各土层土壤水分分布一致。说明RC和HLSC方式虽然属于局部灌溉，但灌溉水经过入渗和再分布后，不同点位相同土层的土壤水分分布一致。

相同栽培方式下，0~150cm 土层平均土壤含水量随着灌水量的增加而增大。例如 2019—2020 年 TCH、TCM 和 TCL 处理的 0~150cm 土层平均土壤含水量分别为 19.16%、17.59%和 17.09%，RCH、RCM 和 RCL 处理的 0~150cm 土层平均土壤含水量分别为 19.28%、18.14%和 16.92%，HLSCH、HLSCM 和 HLSCL 处理的 0~150cm 土层平均土壤含水量分别为 19.01%、17.92%和 17.00%。RC 和 HLSC 方式在不同水分处理的土壤水分规律与 TC 方式类似，可见，增加灌水量能有效提高土壤的水分状况。

图 3-6　越冬水灌水后垄作和高低畦作表层土壤湿润状况（低水处理）

注：由于拔节期植株覆盖，不便于显示出表层土壤的湿润状况，因此选择越冬前灌水后表层土壤湿润状况的图片。

三、收获期土壤水分分布状况

在冬小麦收获时取土测定各土层土壤含水量，如图 3-7 所示。2018—2019 年冬小麦全生育期降雨较少，冬小麦生长需要消耗更多的土壤贮水，

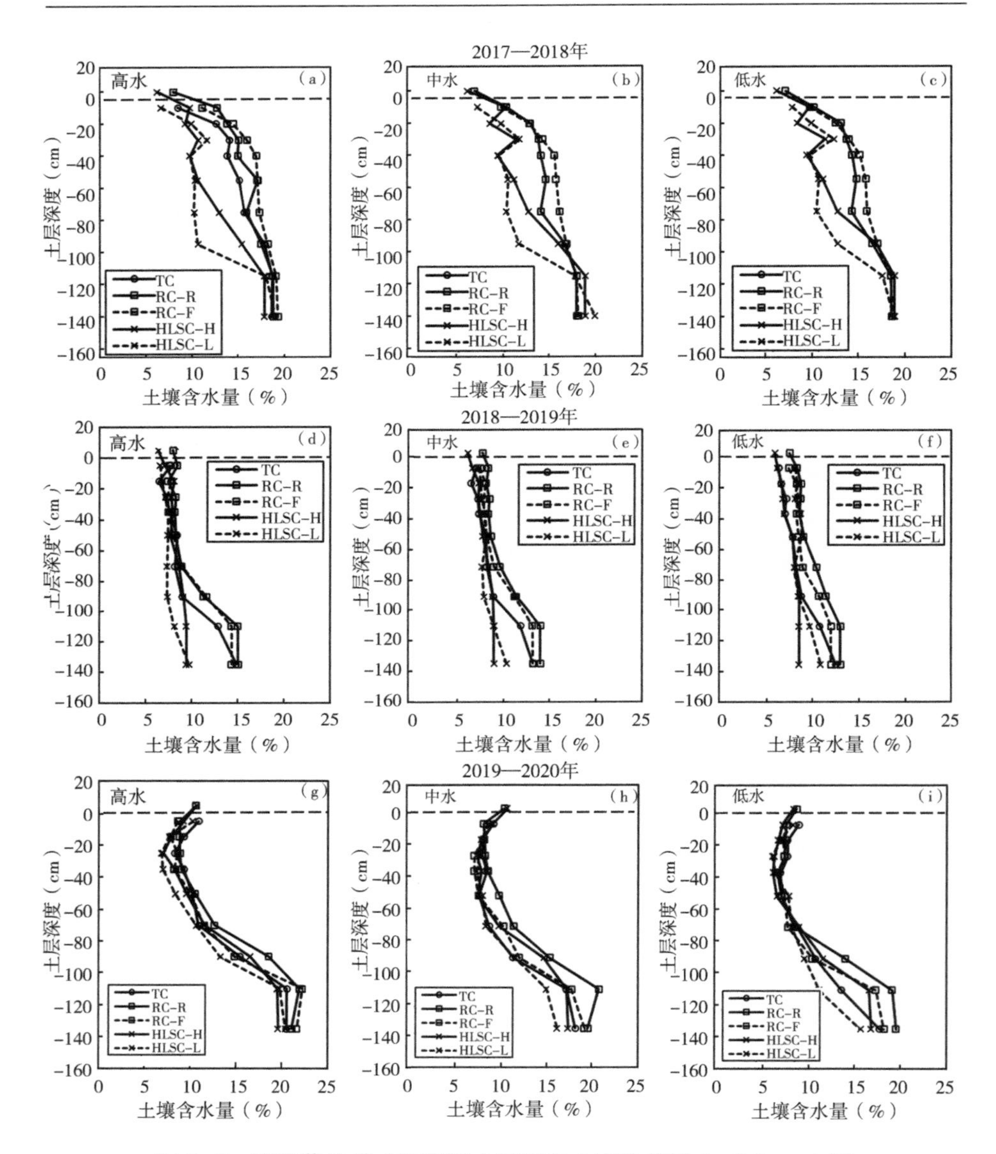

图 3-7　不同栽培模式和灌溉水平下冬小麦收获期 0~150cm 土层土壤水分分布（2017—2020 年）

注：TC 表示常规畦作；RC-R 为垄作的垄；RC-F 为垄作的沟；HLSC-H 为高低畦作的高畦；HLSC-L 为高低畦作的低畦。

因此该季冬小麦麦田收获期各层土壤含水量整体偏低。2017—2018 年 TC、RC 和 HLSC 方式的 0~80cm 土层的土壤含水量分别为 13.29%、14.17%和 10.13%，80~150cm 土层的土壤含水量分别为 18.39%、18.05%和 16.89%；2018—2019 年 TC、RC 和 HLSC 方式的 0~80cm 土层的土壤含水量分别为 7.35%、8.29%和 7.60%，80~150cm 土层的土壤含水量分别为 11.38%、12.80%和 8.98%；2019—2020 年 TC、RC 和 HLSC 方式的 0~80cm 土层的土壤含水量分别为 8.65%、8.46%和 7.94%，80~150cm 土层的土壤含水量分别为 16.13%、17.95%和 15.35%。可以看出，收获期麦田 0~80cm 土层土壤水分处于较低水平，80cm 以下的深层土壤水分含量较高。这是因为小麦根系主要分布在上层土壤，生育期主要消耗上层土壤的贮水量。而 2018—2019 年 HLSC 方式各土层土壤含水量均较低，尤其是 100cm 以下土层的土壤含水量明显低于 TC 和 RC 方式。这说明在降雨较少的年份，冬小麦根系能更多地吸收利用深层土壤水分。2017—2018 年和 2018—2019 年收获期 HLSC 方式麦田土壤水分显著低于其他两种种植方式，原因是 HLSC 方式具有更高的群体密度，更高的冠层覆盖度，消耗了更多的土壤水分。2019—2020 年由于在开花期灌水后发生了较多的降雨，大大补偿了土壤水分，使得高低畦种植方式下土壤水分与其他两种栽培方式差异不大。同时，2019—2020 年开花灌浆期灌水降雨过多也导致 100~150cm 土层土壤含水量明显高于前两季。

第三节　不同栽培方式和灌溉水平下麦田土壤硝态氮和铵态氮分布状况

一、返青期土壤硝态氮和铵态氮分布状况

返青期土壤硝态氮状况如图 3-8 所示。从图 3-8 中可以看出，由于冬小麦越冬前出苗和分蘖消耗掉一部分氮素，返青期麦田土壤硝态氮含量处于较低水平。不同栽培方式和灌溉水平处理土壤硝态氮分布规律一致，均

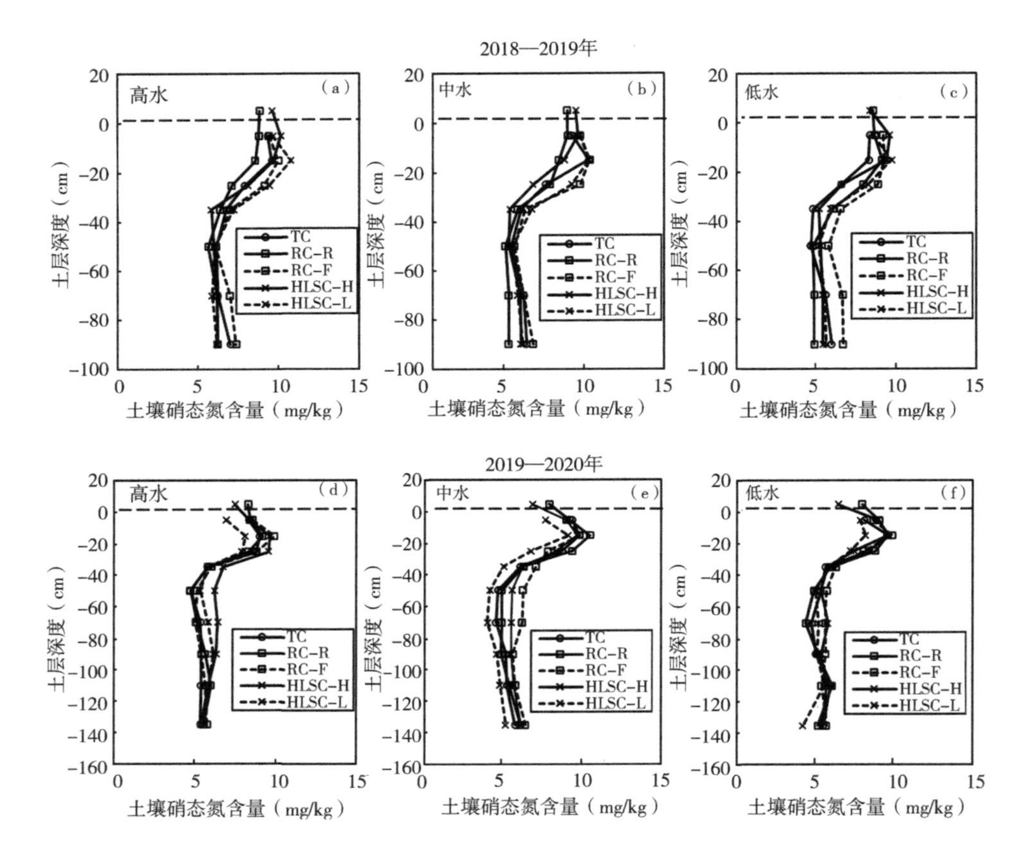

图 3-8　不同栽培模式和灌溉水平下冬小麦返青期 0~150cm 土层土壤硝态氮分布（2018—2020 年）

注：TC 表示常规畦作；RC-R 为垄作的垄；RC-F 为垄作的沟；HLSC-H 为高低畦作的高畦；HLSC-L 为高低畦作的低畦。

表现为 0~40cm 土层土壤硝态氮含量高于 40cm 以下土层。2018—2019 年 TC、RC 和 HLSC 方式下 0~40cm 土层土壤硝态氮含量分别为 7.92mg/kg、8.41mg/kg 和 8.60mg/kg（3 个灌水处理的平均值），40~100cm 土层土壤硝态氮含量分别为 5.99mg/kg、5.94mg/kg 和 5.80mg/kg（3 个灌水处理的平均值）；2019—2020 年 TC、RC 和 HLSC 方式下 0~40cm 土层土壤硝态氮含量分别为 8. 19mg/kg、8. 37mg/kg 和 7. 52mg/kg（3 个灌水处理的平均值），40～150cm 土层土壤硝态氮含量分别为 5. 27mg/kg、5. 53mg/kg 和 5. 37mg/kg（3 个灌水处理的平均值）。相同灌溉水平下，返青期不同栽培方式的各土层土壤硝态氮分布一致，没有显著差异。相同栽培方式下不同灌水处理之间的各土层硝态氮含量也没有明显差异。

图 3-9 描述了返青期各土层土壤铵态氮分布状况。与土壤硝态氮分布

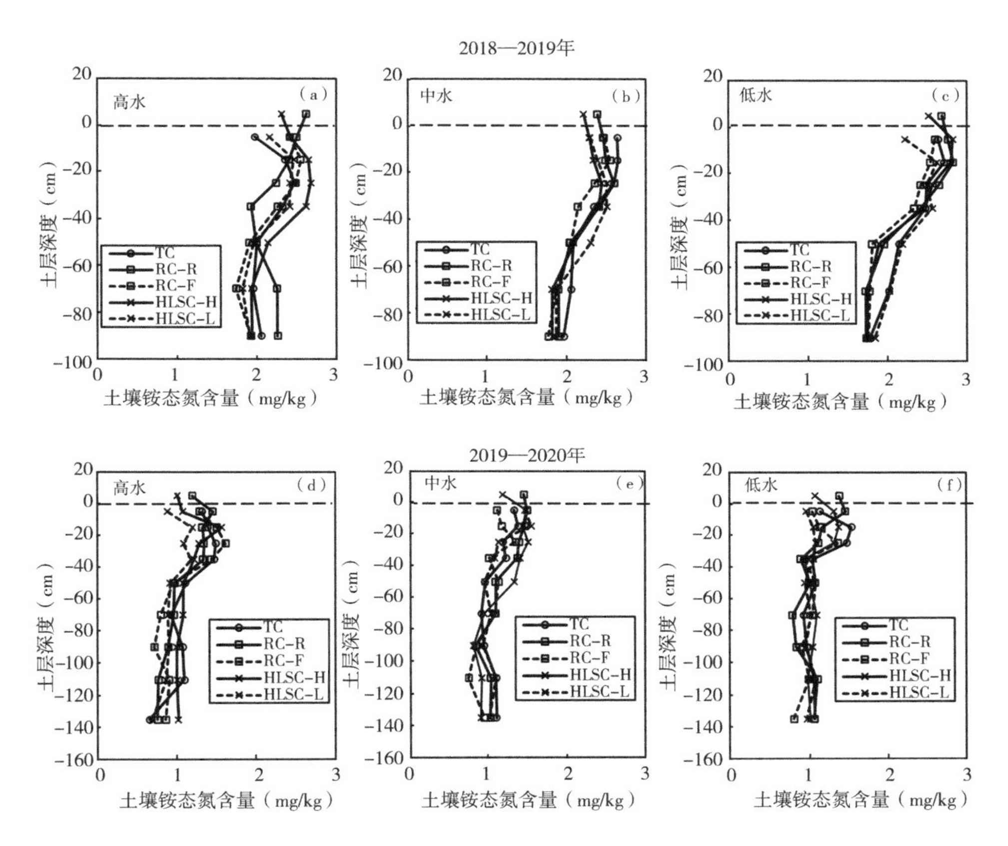

图 3-9　不同栽培模式和灌溉水平下冬小麦返青期 0～150cm 土层土壤铵态氮分布（2018—2020 年）

注：TC 表示常规畦作；RC-R 为垄作的垄；RC-F 为垄作的沟；HLSC-H 为高低畦作的高畦；HLSC-L 为高低畦作的低畦。

状况类似，不同栽培方式和灌溉水平处理之间铵态氮的分布没有显著差异，说明返青期麦田土壤铵态氮含量受栽培方式和灌溉水平的影响很小。不同处理麦田 0~40cm 土层土壤铵态氮含量高于 40cm 以下土层，其中 2018—2019 年 TC、RC 和 HLSC 方式下 0~40cm 土层土壤铵态氮含量分别为 2.48mg/kg、2.45mg/kg 和 2.46mg/kg（3 个灌水处理的平均值），40~100cm 土层土壤铵态氮含量分别为 2.01mg/kg、1.91mg/kg 和 1.95mg/kg（3 个灌水处理的平均值）；2019—2020 年 TC、RC 和 HLSC 方式下 0~40cm 土层土壤铵态氮含量分别为 1.33mg/kg、1.28mg/kg 和 1.20mg/kg（3 个灌水处理的平均值），40~150cm 土层土壤铵态氮含量分别为 1.00mg/kg、0.93mg/kg 和 0.97mg/kg（3 个灌水处理的平均值）。该时期冬小麦根系主要集中在上层土壤，与土壤硝态氮和铵态氮的分布一致，便于作物吸收土壤氮素。

二、拔节期土壤硝态氮和铵态氮分布状况

在冬小麦拔节期进行灌水和追施氮肥，图 3-10 为灌水和追肥后第 5 天土壤硝态氮分布状况。相比返青期麦田土壤硝态氮状况，追肥后麦田 0~60cm 土层土壤的硝态氮含量显著提升，而 60cm 以下土层土壤没有明显变化。3 种栽培方式冬小麦土壤硝态氮主要集中于 0~60cm 土层，2018—2019 年 TC、RC 和 HLSC 方式下 0~60cm 土层土壤硝态氮含量分别为 13.11mg/kg、12.37mg/kg 和 11.75mg/kg（3 个灌水处理的平均值），60~100cm 土层土壤硝态氮含量分别为 5.31mg/kg、2.86mg/kg 和 3.79mg/kg（3 个灌水处理的平均值）；2019—2020 年 3 种栽培方式下 0~60cm 土层土壤硝态氮含量分别为 15.08mg/kg、14.24mg/kg 和 14.16mg/kg（3 个灌水处理的平均值），60~150cm 土层土壤硝态氮含量分别为 3.91mg/kg、5.63mg/kg 和 3.35mg/kg（3 个灌水处理的平均值）。不同栽培方式下，土壤硝态氮含量在 10~20cm 土层最大，且随着深度增加逐渐减小。60cm 以下各土层土壤硝态氮含量没有明显差异，均处于较低水平。

不同栽培方式土层硝态氮分布存在较大差异。对于 RC 方式，垄上（RC-R）土壤硝态氮含量明显低于沟中（RC-F）相同土层的土壤硝态氮含

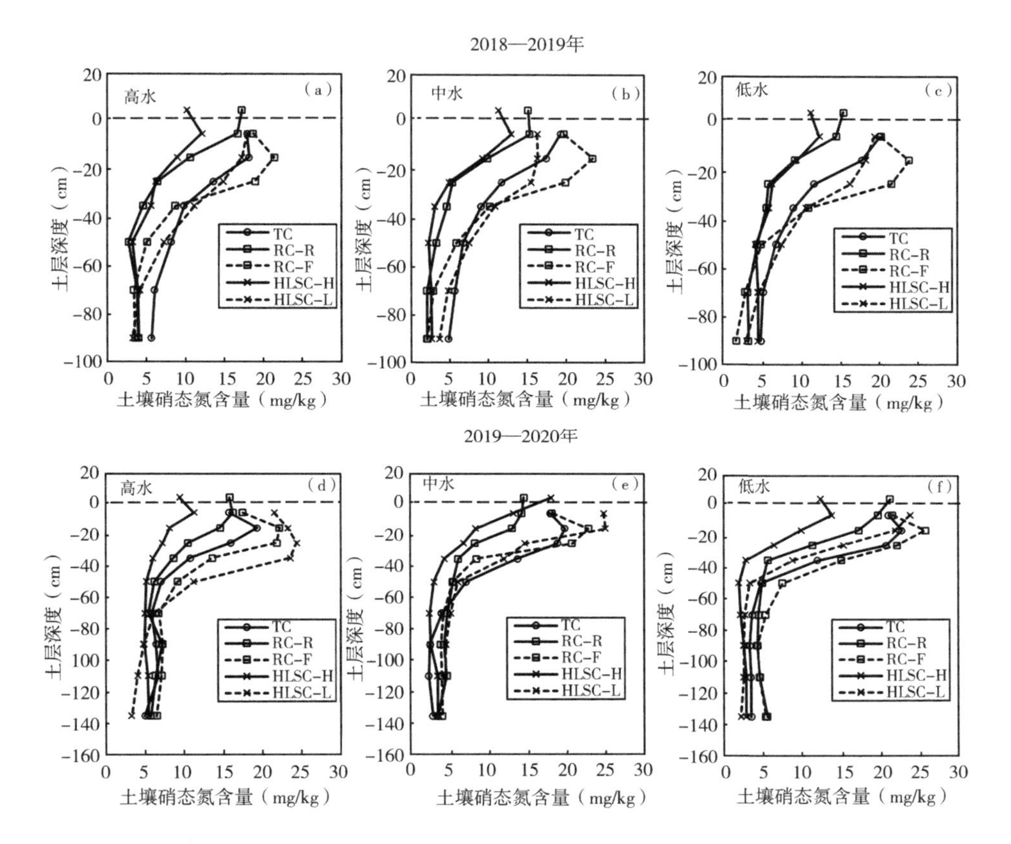

图 3-10　不同栽培模式和灌溉水平下冬小麦拔节期 0~150cm 土层土壤硝态氮分布（2018—2020 年）

注：TC 表示常规畦作；RC-R 为垄作的垄；RC-F 为垄作的沟；HLSC-H 为高低畦作的高畦；HLSC-L 为高低畦作的低畦。

量；HLSC 方式下，高畦（HLSC-H）土壤硝态氮含量明显小于低畦（HLSC-L）相同土层的土壤硝态氮含量。2018—2019 年，RC-R 和 RC-F 在 0~60cm 土层的土壤硝态氮含量分别为 7.89mg/kg 和 15.51mg/kg，HLSC-H 和 HLSC-L 在 0~60cm 土层的土壤硝态氮含量分别为 7.09mg/kg 和 13.77mg/kg。这是因为在拔节期灌水追施氮肥时，RC 方式追施的氮肥撒施于沟中，HLSC 方式的追肥撒施于低畦上。可见，由于施肥位置的不同，虽然氮素随着土壤水分运动在土壤中进行再分布，但由于氮素迁移速度较慢，很难实现垄上与沟中、高畦与低畦的各土层土壤硝态氮均匀分布。

拔节期追施氮肥后土壤铵态氮含量没有显著提升，各土层土壤铵态氮含量均小于 3mg/kg，这显著低于该时期土壤硝态氮含量（图 3-11）。上层土壤的铵态氮含量高于下层土壤，且随着土层加深，土壤铵态氮含量呈减小趋势，其中 2018—2019 年 TC、RC 和 HLSC 方式下 0~40cm 土层土壤铵态

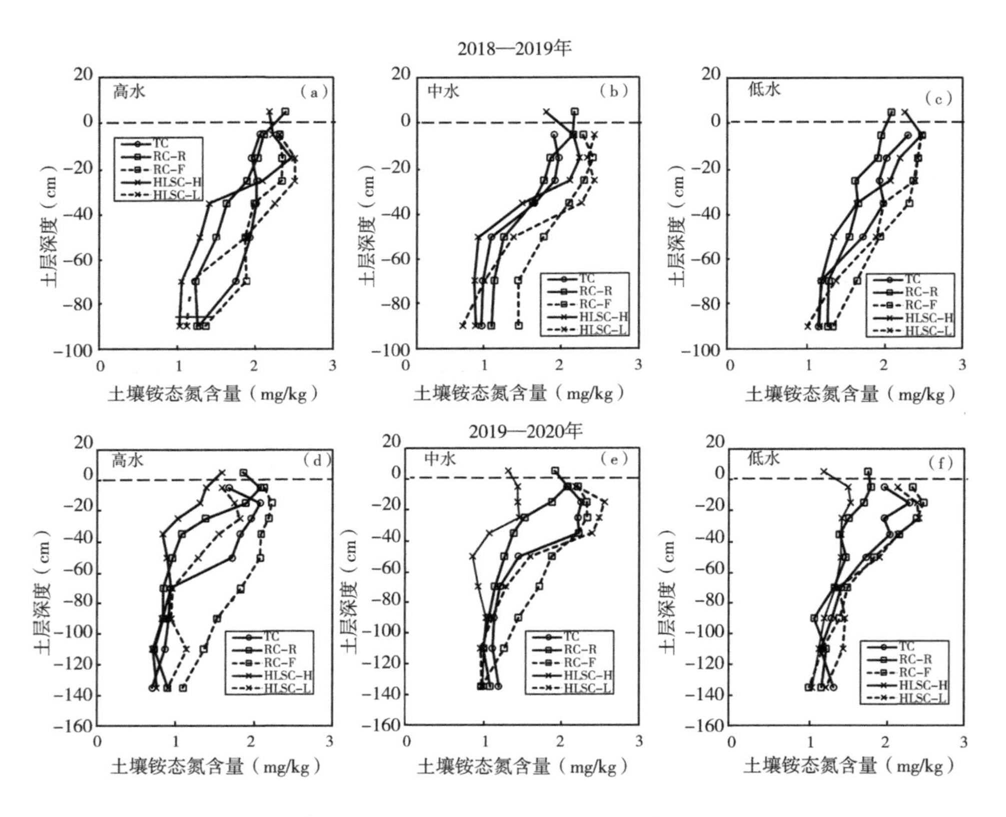

图 3-11　不同栽培模式和灌溉水平下冬小麦拔节期 0~150cm 土层土壤铵态氮分布（2018—2020 年）

注：TC 表示常规畦作；RC-R 为垄作的垄；RC-F 为垄作的沟；HLSC-H 为高低畦作的高畦；HLSC-L 为高低畦作的低畦。

氮含量分别为 1.98mg/kg、2.08mg/kg 和 2.25mg/kg（3 个灌水处理的平均值），40～100cm 土层土壤铵态氮含量分别为 1.34mg/kg、1.46mg/kg 和 1.22mg/kg（3 个灌水处理的平均值）；2019—2020 年 3 种栽培方式下 0～40cm 土层土壤铵态氮含量分别为 2.05mg/kg、1.95mg/kg 和 1.85mg/kg（3 个灌水处理的平均值），40～150cm 土层土壤铵态氮含量分别为 1.21mg/kg、1.27mg/kg 和 1.16mg/kg（3 个灌水处理的平均值）。不同栽培方式麦田在追肥后土壤铵态氮分布存在较大差异。3 种灌溉水平下，RC-R 的土壤铵态氮含量明显低于 RC-F 相同土层的土壤铵态氮含量；HLSC-H 的土壤铵态氮含量明显小于 HLSC-L 相同土层的土壤铵态氮含量。例如 2018—2019 年，RC-R 和 RC-F 在 0～40cm 土层的土壤铵态氮含量分别为 1.85mg/kg 和 2.30mg/kg，HLSC-H 和 HLSC-L 在 0～40cm 土层的土壤铵态氮含量分别为 2.04mg/kg 和 2.35mg/kg。2019—2020 年，RC-R 和 RC-F 在 0～40cm 土层的土壤铵态氮含量分别为 1.64mg/kg 和 2.26mg/kg，HLSC-H 和 HLSC-L 在 0～40cm 土层的土壤铵态氮含量分别为 1.31mg/kg 和 2.12mg/kg。

三、灌浆期土壤硝态氮和铵态氮分布状况

灌浆期是冬小麦生长发育的关键时期，该时期土壤水分和养分的状况对籽粒形成及最终产量至关重要。图 3-12 显示了 2018—2019 年和 2019—2020 年冬小麦灌浆期各土层土壤硝态氮含量状况。2018—2019 年 TC、RC 和 HLSC 方式下 0～60cm 土层土壤硝态氮含量分别为 8.72mg/kg、8.80mg/kg 和 7.80mg/kg（3 个灌水处理的平均值），60～100cm 土层土壤硝态氮含量分别为 7.09mg/kg、5.51mg/kg 和 6.46mg/kg（3 个灌水处理的平均值）；2019—2020 年 3 种栽培方式下 0～60cm 土层土壤硝态氮含量分别为 9.55mg/kg、9.56mg/kg 和 9.28mg/kg（3 个灌水处理的平均值），60～150cm 土层土壤硝态氮含量分别为 6.20mg/kg、6.50mg/kg 和 5.65mg/kg（3 个灌水处理的平均值）。可以看出，相比拔节期较高的表层土壤硝态氮含量，灌浆期 0～60cm 土层土壤硝态氮含量有所降低，但 60～100cm 土层土壤硝态氮含量增加。这一方面是因为作物生长发育吸收了大

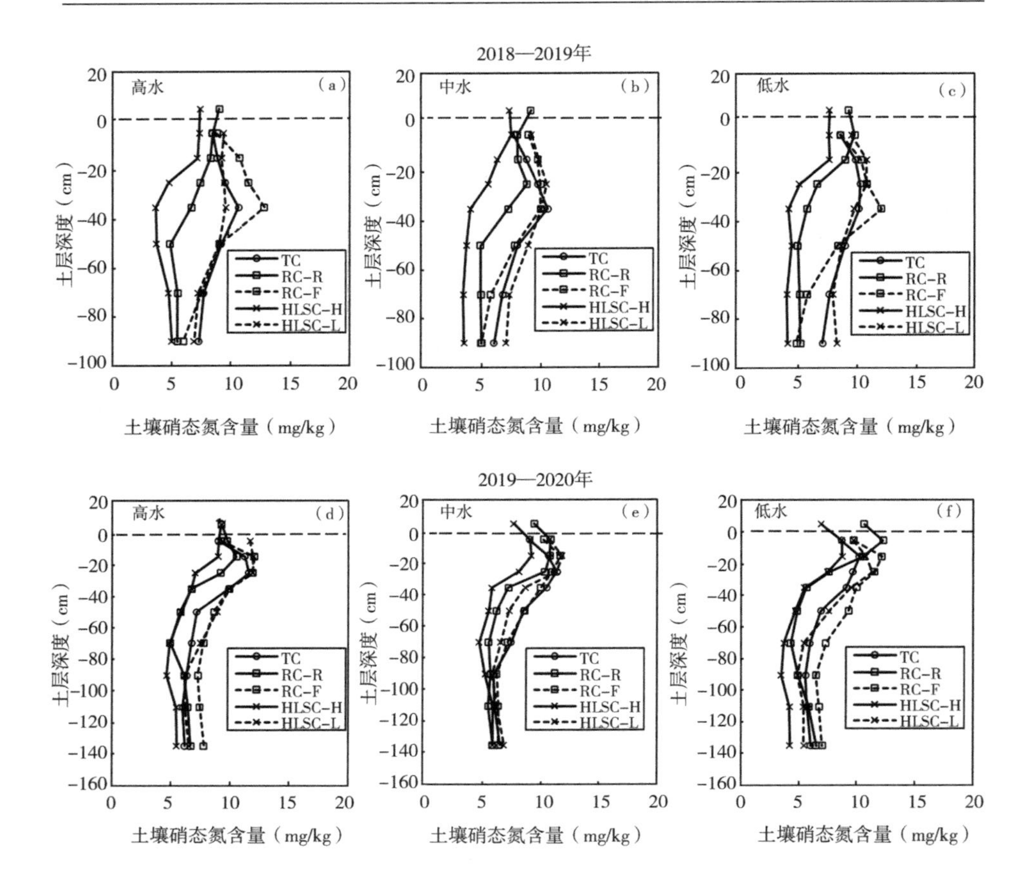

图 3-12　不同栽培模式和灌溉水平下冬小麦灌浆期 0~150cm 土层土壤硝态氮分布（2018—2020 年）

注：TC 表示常规畦作；RC-R 为垄作的垄；RC-F 为垄作的沟；HLSC-H 为高低畦作的高畦；HLSC-L 为高低畦作的低畦。

量氮素，导致上层土壤氮素含量降低；另一方面是由于生育期降雨和灌水，土壤硝态氮随着水分运动向下层土壤运移。

与拔节期土壤硝态氮分布相似，灌浆期 RC 方式垄上（RC-R）土壤硝态氮含量明显低于沟中（RC-F）相同土层的土壤硝态氮含量；HLSC 方式高畦（HLSC-H）的土壤硝态氮含量明显低于低畦（HLSC-L）相同土层的土壤硝态氮含量。2018—2019 年，RC-R 和 RC-F 在 0~60cm 土层的土壤硝态氮含量分别为 7.25mg/kg 和 9.97mg/kg，在 0～60cm 土层的土壤硝态氮含量分别为 5.51mg/kg 和 9.64mg/kg；2019—2020 年，RC-R 和 RC-F 在 0～60cm 土层的土壤硝态氮含量分别为 8.54mg/kg 和 10.38mg/kg，在 0～60cm 土层的土壤硝态氮含量分别为 7.35mg/kg 和 10.21mg/kg。土壤硝态氮在 RC 和 HLSC 方式不同点位差异的分布规律可能影响小麦生长发育、氮素吸收利用以及最终的产量构成。

不同栽培方式和灌溉水平处理的灌浆期土壤铵态氮含量没有明显差异（图 3-13），铵态氮剖面分布差异主要是由土壤质地和取样误差引起的。

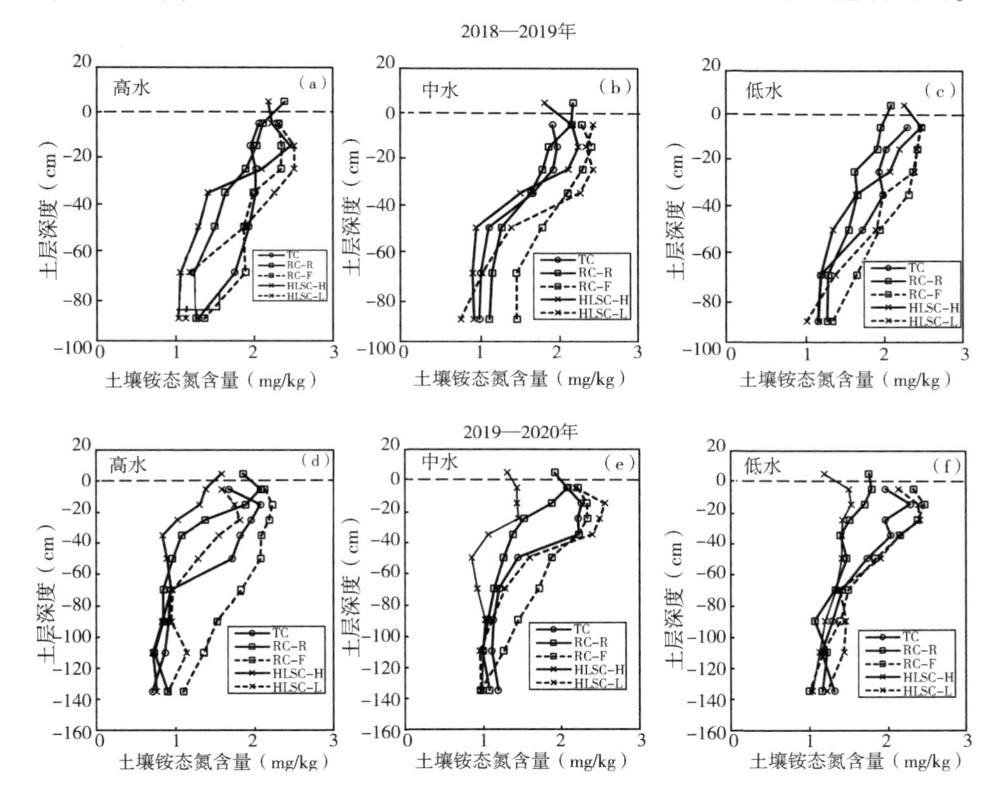

图 3-13　不同栽培模式和灌溉水平下冬小麦灌浆期 0～150cm 土层土壤铵态氮分布（2018—2020 年）

注：TC 表示常规畦作；RC-R 为垄作的垄；RC-F 为垄作的沟；HLSC-H 为高低畦作的高畦；HLSC-L 为高低畦作的低畦。

各处理 0~40cm 土层土壤铵态氮含量明显高于 40cm 以下土层，其中 2018—2019 年 TC、RC 和 HLSC 方式的 0~40cm 土层的土壤铵态氮含量分别为 2.16mg/kg、2.27mg/kg 和 2.24mg/kg，40~100cm 土层的土壤铵态氮含量分别为和 1.57mg/kg、1.74mg/kg 和 1.67mg/kg；2019—2020 年 TC、RC 和 HLSC 方式的 0~40cm 土层的土壤铵态氮含量分别为 1.81mg/kg、1.88mg/kg 和 2.13mg/kg，40~150cm 土层的土壤铵态氮含量分别为 1.47mg/kg、1.45mg/kg 和 1.47mg/kg。

四、收获期土壤硝态氮和铵态氮分布状况

图 3-14 为收获期麦田土壤硝态氮分布状况。由图 3-14 可以看出，收获期麦田的上层土壤具有较高的硝态氮含量，其中 2018—2019 年各处理 0~40cm 土层平均土壤硝态氮含量范围是 4~10mg/kg，40~100cm 土层土壤硝态氮含量小于 4mg/kg；2019—2020 年 0~40cm 土层土壤硝态氮含量范围是 4~7mg/kg，40cm 以下土层土壤硝态氮含量小于 3mg/kg。这种硝态氮在表层聚集的现象有利于下季作物（如玉米）在苗期的氮素供应，同时也能有效减少由于降雨或灌水过多导致的氮素淋失。不同栽培方式下，RC 方式的垄上（RC-R）土壤硝态氮含量明显低于沟中（RC-F）相同土层的土壤硝态氮含量，HLSC 方式的高畦（HLSC-H）土壤硝态氮含量明显低于低畦（HLSC-L）相同土层的土壤硝态氮含量。其中，RC 方式的沟中（RC-F）土壤硝态氮含量最高，2018—2019 年和 2019—2020 年收获期 RC-F 的 0~40cm 土层平均土壤硝态氮含量分别为 9.58mg/kg 和 6.17mg/kg，HLSC 方式的高畦（HLSC-H）土壤硝态氮含量最低，2018—2019 年和 2019—2020 年收获期 HLSC-H 的 0~40cm 土层平均土壤硝态氮含量分别为 4.74mg/kg 和 4.59mg/kg。这种现象依然是由拔节期施肥位置导致的结果，这也一定程度上反映了氮素在土壤中的迁移较慢。

图 3-15 描述了冬小麦收获时各土层土壤铵态氮的分布状况。收获期各处理土壤铵态氮的分布没有明显差异，说明栽培方式和灌溉水平对收获期土壤铵态氮的影响很小。整个剖面土壤铵态氮含量一般小于

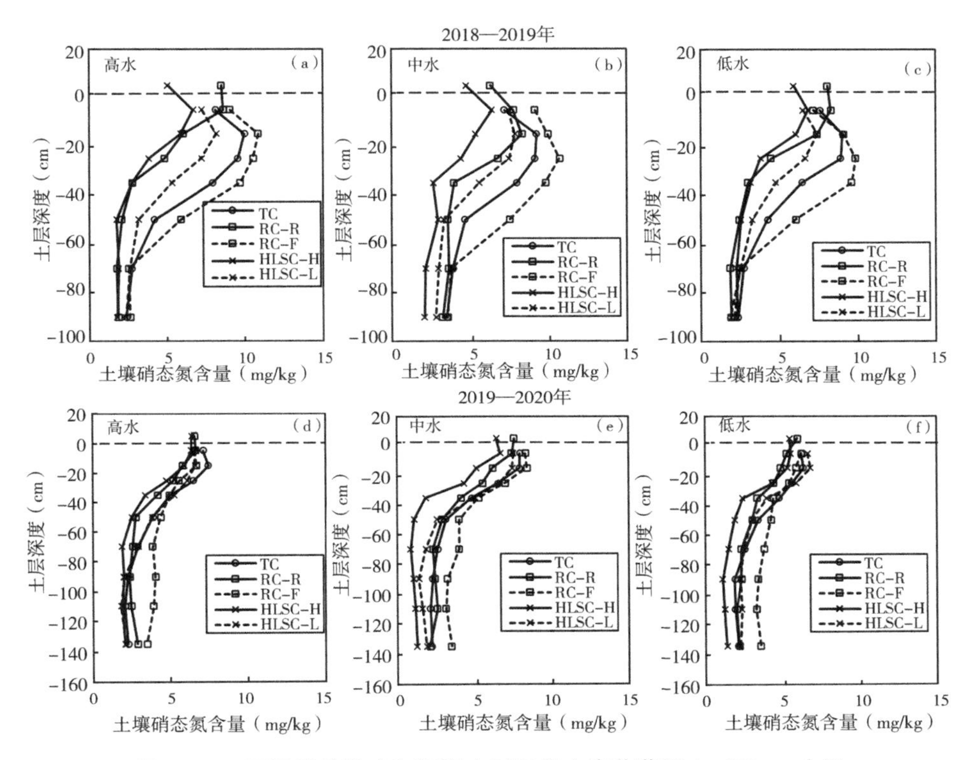

图 3-14　不同栽培模式和灌溉水平下冬小麦收获期 0~150cm 土层土壤硝态氮分布（2018—2020 年）

注：TC 表示常规畦作；RC-R 为垄作的垄；RC-F 为垄作的沟；HLSC-H 为高低畦作的高畦；HLSC-L 为高低畦作的低畦。

3.00mg/kg，这明显低于收获期土壤硝态氮的含量。Liu et al.（2013）研究得出收获时 0~20cm 土层的土壤铵态氮含量约为 2mg/kg。本试验中，2018—2019 年 TC、RC 和 HLSC 方式 0~100cm 土层的土壤铵态氮含量分别为 1.80mg/kg、1.94mg/kg 和 1.69mg/kg，2019—2020 年 TC、RC 和 HLSC 方式 0~100cm 土层的土壤铵态氮含量分别为 2.38mg/kg、2.29mg/kg 和 2.43mg/kg。

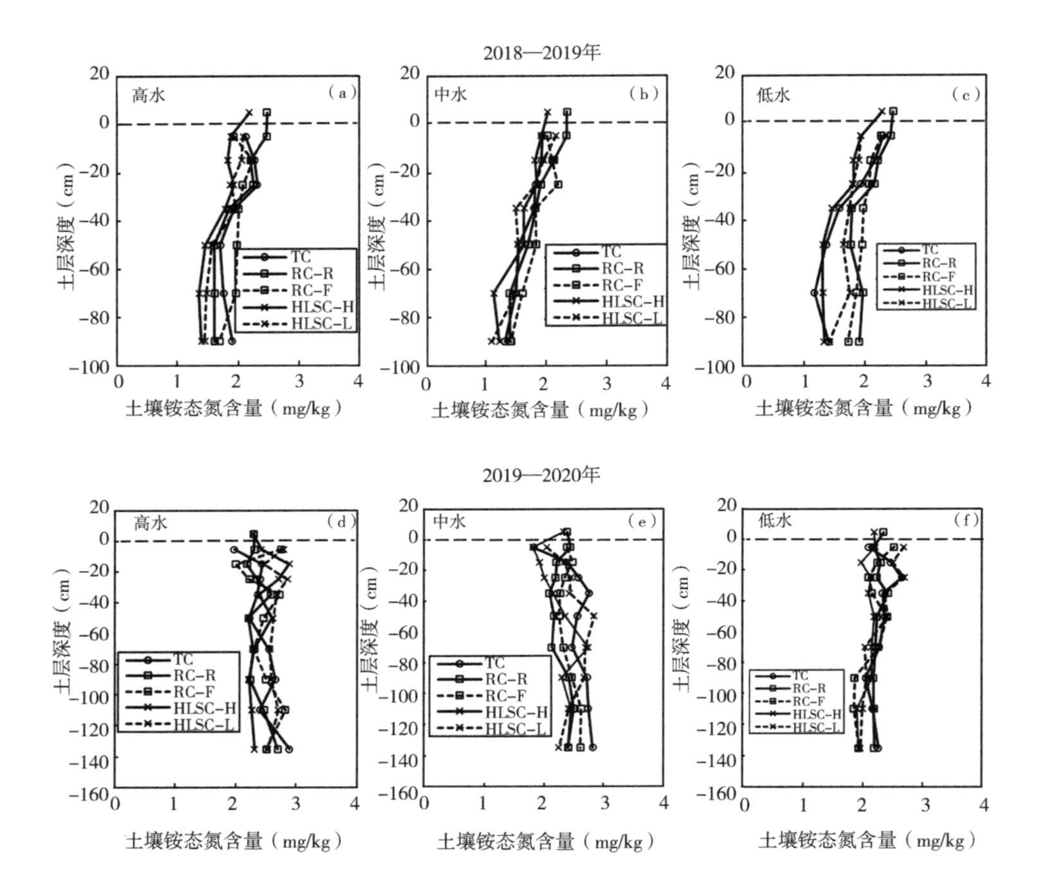

图 3-15　不同栽培模式和灌溉水平下冬小麦收获期 0~150cm 土层土壤铵态氮分布（2018—2020 年）

注：TC 表示常规畦作；RC-R 为垄作的垄；RC-F 为垄作的沟；HLSC-H 为高低畦作的高畦；HLSC-L 为高低畦作的低畦。

五、生育期土壤无机氮增加量

图 3-16 显示了 2018—2019 年和 2019—2020 年冬小麦生育期土壤无

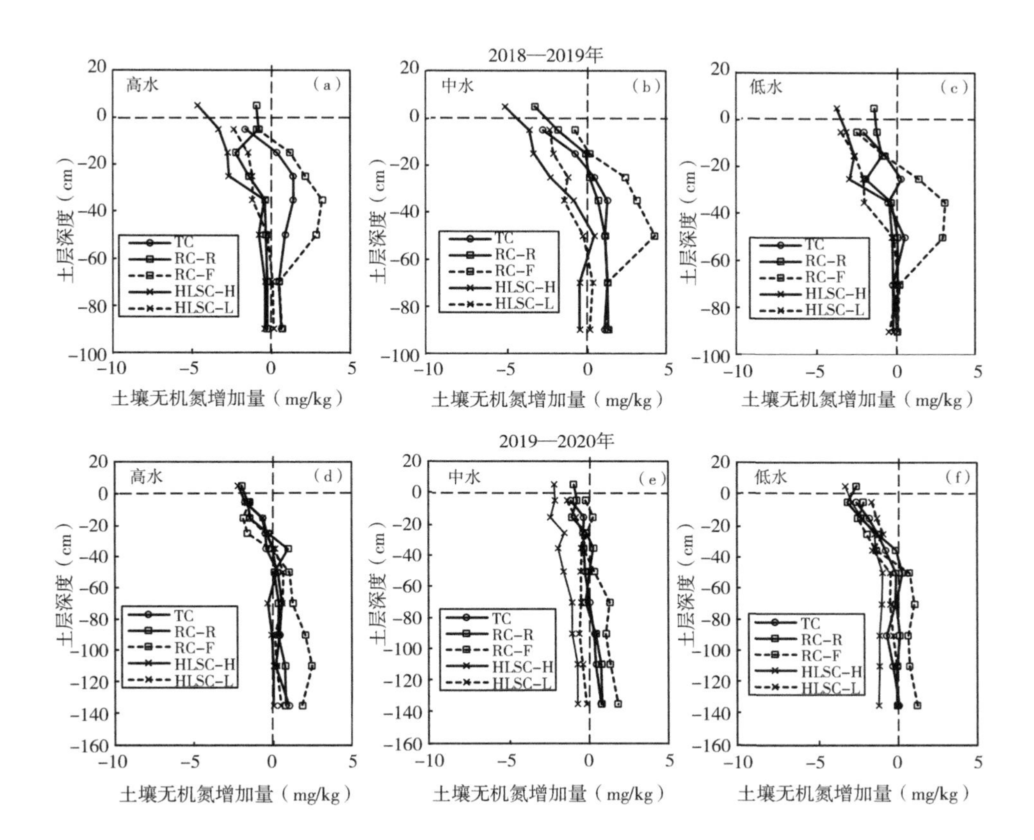

图 3-16 不同栽培模式和灌溉水平下冬小麦生育期
土壤无机氮增加量（2018—2020 年）

注：TC 表示常规畦作；RC-R 为垄作的垄；RC-F 为垄作的沟；HLSC-H 为高低畦作的高畦；HLSC-L 为高低畦作的低畦。

机氮含量的增加量（收获期土壤无机氮含量减去播种前土壤无机氮含量）。不同栽培方式和灌溉水平下表层土壤无机氮含量在经过冬小麦季后均有所减少，而 60cm 以下土层土壤无机氮含量变化不大。2018—2019 年麦田 TC、RC 和 HLSC 的 0～20cm 土层土壤无机氮含量增加量分别为 -1.27mg/kg、-1.00mg/kg、-2.81mg/kg，60～100cm 土层土壤无机氮含量增加量分别为-0.54mg/kg、-0.51mg/kg、-0.08mg/kg；2019—2020年麦田TC、RC和HLSC的0~20cm土层土壤无机氮含量增加量分别为-1.39mg/kg、-1.56mg/kg、-1.64mg/kg，60~150cm土层土壤无机氮含量增加量分别为0.20mg/kg、1.03mg/kg、-0.21mg/kg。

两年试验RC-F的土壤无机氮含量增加量较为明显，其中2018—2019年RC-F在20~60cm土层土壤无机氮含量增加较多，3个灌溉水平20~60cm土层土壤无机氮含量增加量分别为2.75mg/kg、3.26mg/kg和2.49mg/kg；2019—2020年RC-F在40cm以下土层土壤无机氮增加较为明显，3个灌溉水平下40~150cm土壤无机氮含量增加量分别为1.72mg/kg、1.15mg/kg和0.87mg/kg。2018—2019年，RC-R各土层的土壤无机氮含量均接近于零；2019—2020年，RC-R在0~40cm土层的土壤无机氮含量增加量为负，40~150cm土层的土壤无机氮含量增加量接近于零。可见，对于RC方式，RC-R的收获期各土层土壤无机氮含量与播种前几乎没有差异，而RC-F的土壤无机氮含量在经过冬小麦生育期后有所增加。这可能与RC方式的追肥方式和冬小麦的氮素吸收利用密切相关。

两年试验下，收获期HLSC方式的高畦和低畦在0~40cm土层的土壤无机氮含量相比播种前均有所减小，而收获期40cm以下土层的土壤无机氮含量相比播种前没有差异。2018—2019年，3个灌溉水平下HLSC在0~40cm土层的土壤无机氮含量的增加量分别为-1.95mg/kg、-2.23mg/kg和-2.56mg/kg，在40~100cm土层的土壤无机氮含量的增加量分别为-0.18mg/kg、-0.02mg/kg和-0.18mg/kg；2019—2020年，3个灌溉水平下HLSC在0~40cm土层的土壤无机氮含量的增加量分别为-0.87mg/kg、-1.21mg/kg和-1.67mg/kg，在40~150cm土层的土壤无机氮含量的增加量分别为0.27mg/kg、-0.65mg/kg和-0.56mg/kg。

六、收获期硝态氮残留量

图3-17为2018—2019年和2019—2020年收获期各土层土壤硝态氮残留量。可以看出，各栽培方式土壤硝态氮残留量主要集中在0~40cm土层。其中2018—2019年麦田收获期TC、RC-R、RC-F、HLSC-H和

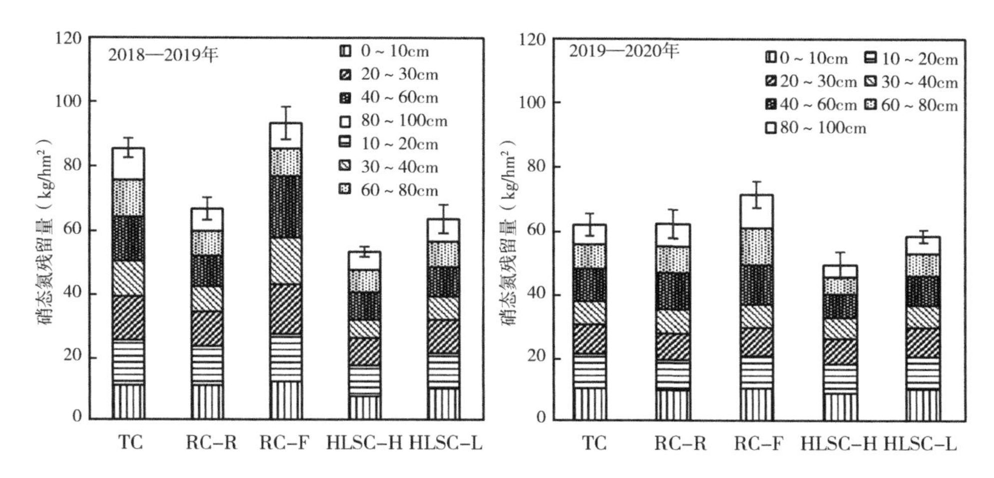

图 3-17 收获期各土层土壤硝态氮残留量

注：RC-R 为垄作的垄；RC-F 为垄作的沟；HLSC-H 为高低畦作的高畦；HLSC-L 为高低畦作的低畦。

HLSC-L 的 0～40cm 土层的硝态氮残留量分别为 50.29kg/hm^2、42.36kg/hm^2、57.52kg/hm^2、32.07kg/hm^{2}和 39.13kg/hm^2，40～100cm 土层的硝态氮残留分别为 35.15kg/hm^2、24.14kg/hm^2、35.66kg/hm^2、21.21kg/hm^{2}和 24.27kg/hm^2；2019—2020 年麦田收获期 TC、RC-R、RC-F、HLSC-H 和 HLSC-L 的 0～40cm 土层的硝态氮残留量分别为 37.82kg/hm^2、35.38kg/hm^2、37.04kg/hm^2、32.94kg/hm^2 和 36.84kg/hm^2，40～100cm 土层的硝态氮残留量分别为 24.06kg/hm^2、26.75kg/hm^2、34.20kg/hm^2、16.46kg/hm^{2}和 21.53kg/hm^2。对于不同栽培方式，RC-F 的土壤硝态氮残留量最大，显著高于其他方式。2018—2019 年 RC-F 方式的 0～100cm 土层硝态氮残留量比 RC-R 方式高 40.12%，2019—2020 年 RC-F 方式的 0～100cm 土层硝态氮残留量比 RC-R 方式高 14.68%。这是因为 RC 栽培方式下追施的氮肥撒于沟中，沟中土壤的氮素含量较高，导致收获时土壤硝态氮残留量较高。类似的，两年试验收获期 HLSC-L 的土壤硝态氮残留量显著高于 HLSC-H，原因是 HLSC 方式下追施的氮肥撒施于沟中。同时可以发现，HLSC-H 和 HLSC-L 各土层土壤硝态氮残留量均

很小。这说明 HLSC 方式一定程度减少收获期土壤硝态氮残留量，降低硝态氮淋失污染地下水的风险。

第四节　讨　论

水和氮素是作物生长所必需的两大重要元素，是作物获得高产、稳产的关键（吕广德等，2020）。作物主要从土壤中获取水分和氮素，因此土壤水分含量和氮素含量一定程度决定了作物群体发育状况以及最终的产量形成。本研究中，3 年试验均在越冬前进行了灌水补墒，以保障冬小麦越冬前分蘖及根系下扎。冬小麦发育到了返青末至拔节初阶段，不同栽培方式和灌溉水平下麦田上层土壤水分均处于较低水平，可见在冬小麦拔节初进行灌水很有必要（Wang et al., 2016；Xu et al., 2018）。在灌水后第 5 天取土测定不同土层土壤水分，发现 RC-R（RC 方式的垄上）和 HLSC-H（HLSC 方式的高畦）的表层土壤含水量较低。土壤含水量是土壤蒸发的最主要的控制性影响因素，一般而言，土壤含水量越小，土壤蒸发越小（王政友，2003）。因此，RC-R 和 HLSC-H 表层土壤较低的含水量减少土壤水分无效蒸发，有助于水分利用效率的提升。

同时可以发现，除了表层土壤，RC-R 和 RC-F（RC 方式的沟中）相同土层土壤水分分布一致，HLSC-H 和 HLSC-L（HLSC 方式下低畦）相同土层土壤水分分布一致，且均与 TC 方式相同土层土壤水分分布一致。说明，RC 和 HLSC 方式虽然只在局部进行灌水，但水分经过入渗和再分布后，不同点位相同土层土壤水分状况相同，不会因灌水方式不同对作物的水分供应产生不利影响。但是，追施氮肥后硝态氮分布在 RC 和 HLSC 不同点位差异明显，RC-R 的各土层土壤硝态氮含量明显低于 RC-F 相同土壤土层硝态氮含量，HLSC-H 的各土层土壤硝态氮含量明显低于 HLSC-L 相同土层土壤硝态氮分布，这种差异的分布规律在收获期依然存在。由于根系具有可塑性和向肥性（Grossman and Rice, 2012；Jiang et al., 2017），RC-R 的小麦根系可以伸展到 RC-F 土壤中吸收利用沟中的硝态氮。但 HLSC 方式幅宽较大，HLSC-H 的小麦根系很难生长到低畦土壤中，其根系长期处于较低氮素含量的土壤环境中，可能会影响HLSC-H上小麦的氮素吸收和生长发育。

返青期麦田土壤硝态氮处于较低水平，且主要集中在0~40cm土层。拔节期追施氮肥后，麦田硝态氮含量0~60cm显著提高，60cm以下土层土壤硝态氮含量没有明显变化，均处于较低水平。收获期麦田的土壤硝态氮主要聚集在0~40cm，40cm以下土层土壤硝态氮含量小于4mg/kg。可以发现，本试验中冬小麦在各个生育阶段土壤硝态氮分布主要分布在0~40cm土层，具有表聚现象，这与之前的研究结果一致（司转运，2017；岳文俊等，2015）。原因可能是试验田30~40cm为犁底层，土壤水分和养分向40cm以下土层运移的速度较慢，主要集中在40cm土层。收获期RC和HLSC方式分别在沟中和低畦土壤硝态氮含量较高，因此，RC方式的夏季作物（玉米）种植在沟中，而HLSC方式夏季作物（玉米）种植在低畦上，使得作物播种在氮素含量较高的土壤中，有利于夏季作物的萌发和苗期生长。

第四章　不同栽培方式和灌溉水平对冬小麦生长发育及产量的影响

第一节　不同栽培方式和灌溉水平对冬小麦生长发育的影响

一、冬小麦分蘖动态

图 4-1 显示 2017—2020 年 3 个生育期不同种植方式和灌溉水平下冬小麦分蘖动态变化。可以看出，随着生育期推进，冬小麦分蘖数在返青期达到最大，随后有减小趋势，开花期后小麦分蘖数逐渐趋于稳定。越冬前（播种后约 30d）3 种栽培方式下小麦株数没有差异。这是因为 3 种栽培方式的播种量相同，数苗时冬小麦还未进行分蘖，2018—2019 年和 2019—2020 年越冬前小麦株数分别约为 190 万株/hm^2 和 180 万株/hm^2。返青期后不同栽培方式下冬小麦分蘖数表现出差异，HLSC 方式的小麦株数显著高于 TC 和 RC 方式，其中 2018—2019 年返青期 HLSC 方式的分蘖数分别比 TC 和 RC 高 55.64% 和 10.01%，2019—2020 年返青期 HLSC 方式的分蘖数分别比 TC 和 RC 高 36.62%和 15.75%。冬小麦开花后各处理分蘖数趋于稳定，其中 2017—2018 年开花期 HLSC 方式的小麦分蘖数分别比 TC 和 RC 高 33.11%和 44.00%，2018—2019 年开花期 HLSC 方式的小麦分蘖数分别比 TC 和 RC 高

15.19%和21.57%，2019—2020年开花期HLSC方式的小麦分蘖数分别比TC和RC高47.50%和46.12%。同时可以看出，返青期RC方式的小麦分蘖数显著高于TC方式，而开花后TC和RC方式的分蘖数差异不显著。灌溉可以明显影响小麦的分蘖动态，返青后小麦分蘖数随着灌水量的增加逐渐增大，在高水处理达到最大。

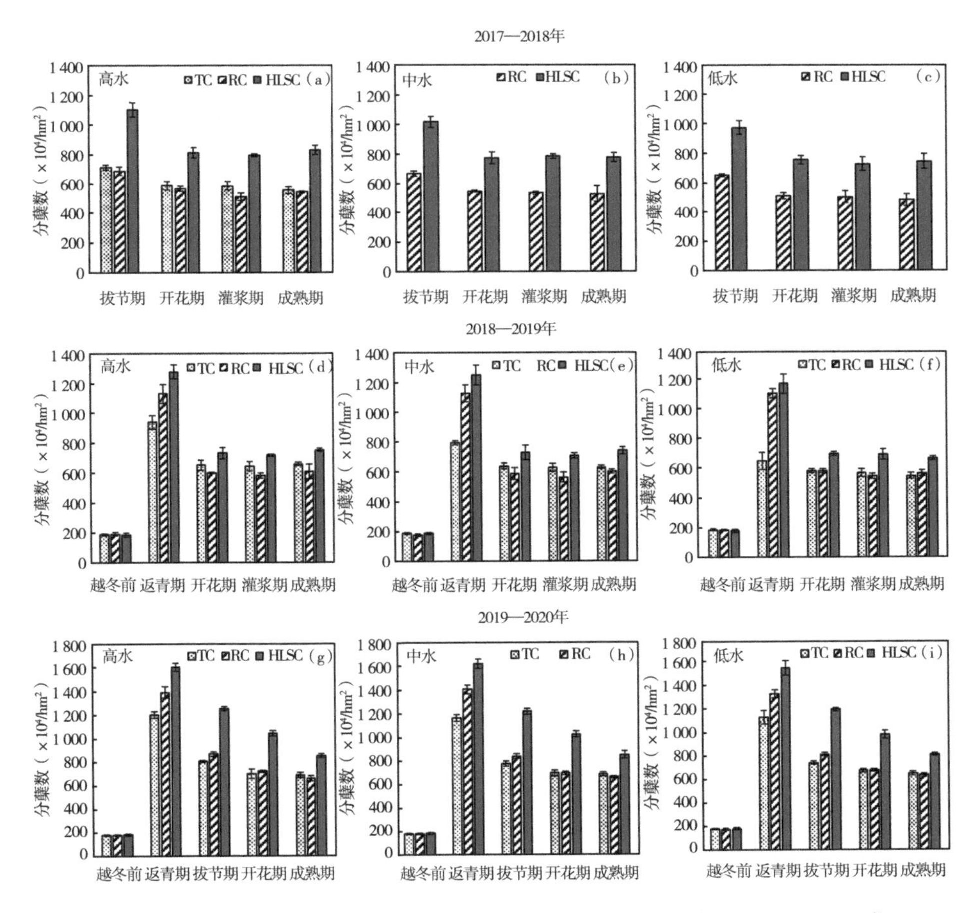

图4-1　不同栽培模式和灌溉水平对冬小麦分蘖动态的影响（2017—2020年）

注：TC为常规畦作；RC为垄作；HLSC为高低畦作；下同。

二、冬小麦株高和穗长

图 4-2 显示 2017—2020 年 3 年试验不同栽培方式和灌溉水平下开花灌浆期冬小麦的株高。栽培方式对冬小麦株高的影响达到显著水平。2017—2018 年 3 种栽培方式下小麦株高明显低于其他两个生育期，原因可能是该季冬小麦在返青期遭遇“倒春寒”引起的冻害，冬小麦的生长发育受到一定程度的影响。RC 和 HLSC-H（高低畦方式的高畦）的小麦株高显著低于 TC 方式小麦株高，2017—2020 年 RC 方式小麦株高分别比 TC 方式小麦低 4.62%、3.54%和 4.82%，HLSC-H 的小麦株高分别比 TC 方式低 3.54%、4.27%和 6.07%。RC 和 HLSC-H 小麦株高的降低或许有利于小麦抗倒伏能力的增加，以及收获指数的提升。TC 与 HLSC-L 方式的小麦株高没有显著差异（2018—2019 低水处理下差异显著）。对于 HLSC 方式，由于高畦和低畦地势的高差，冬小麦生育期前期冠层形成高低起伏的形态（波浪状），显著增加了冠层的受光面。由图 4-2 可知，HLSC-H 的小麦株高显著低于 HLSC-L 的小麦株高，2017—2020 年 HLSC-H 的小麦株高较 HLSC-L 分别降低了 3.31%、2.41%和 4.55%。虽然高畦和低畦小麦的株高有一定的差异，但仍未弥补 HLSC 方式地势的高差（10cm），因此开花灌浆期 HLSC 方式小麦冠层仍接近波浪状。

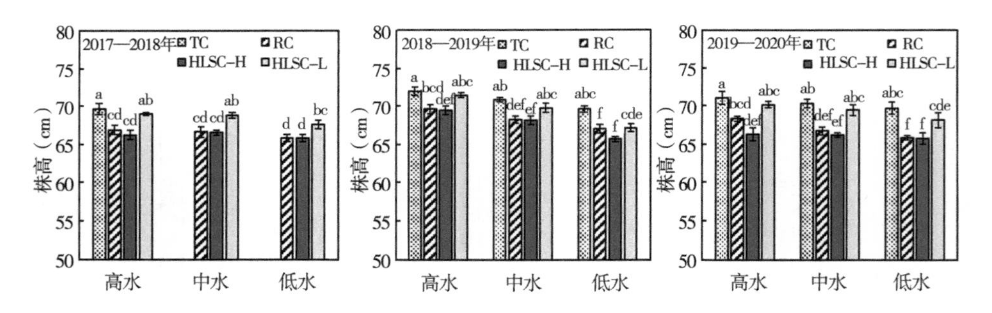

图 4-2　不同栽培模式和灌溉水平对冬小麦株高的影响（2017—2020 年）

注：HLSC-H 为高低畦作的高畦；HLSC-L 为高低畦作的低畦。

图4-3显示2017—2020年3个生育期不同栽培方式和灌溉水平对冬小麦穗长的影响。种植方式对冬小麦穗长的影响达到极显著水平（$P<0.01$）。2018—2019年灌水处理对穗长的影响极显著，其他两个生育期灌水处理对穗长的影响不显著。原因可能是2017—2018年和2019—2020年降雨较多，削弱了灌溉处理对冬小麦生长的影响。RC和HLSC-H的小麦穗长显著低于TC方式的小麦穗长，且HLSC-H的小麦穗长显著低于HLSC-L小麦的穗长，这与不同栽培方式下小麦株高的趋势相同。

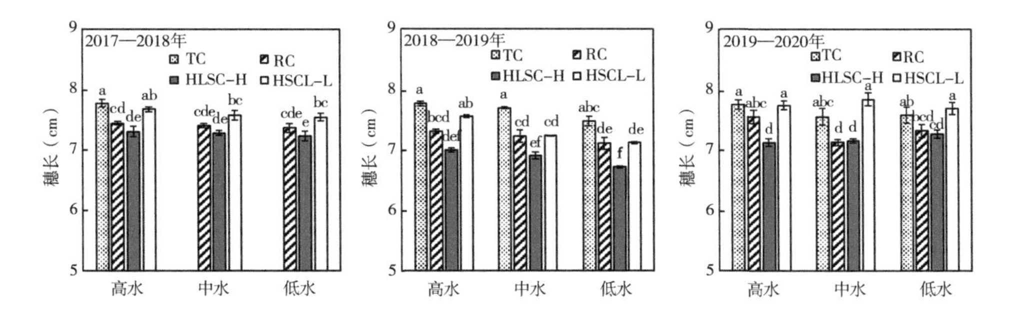

图4-3　不同栽培模式和灌溉水平对冬小麦穗长的影响（2017—2020年）

三、冬小麦叶面积指数（LAI）

叶面积指数（LAI）表示单位土地面积上的叶片总面积，是反映作物群体生长状况的一个重要指标。表4-1表示不同栽培模式和灌溉水平对开花灌浆期冬小麦LAI的影响。3年试验下栽培方式对冬小麦LAI的影响均为极显著（$P<0.01$）。2018—2019年和2019—2020年灌溉水平对LAI的影响极显著（$P<0.01$），而2017—2018年灌溉水平对LAI的影响不显著（$P>0.05$），可能是因为2017—2018年降雨过多导致。2017—2020年3个生育期TC、RC和HLSC方式的LAI分别维持在3.85~5.65、3.30~5.29和5.06~6.28。2017—2018年冬小麦LAI明显小于后两年试验，原因是该季冬小麦在返青期遭遇“倒春寒”引起的冻害，冬小麦的冠层生长受到一定程度的影响。

相同灌溉水平下，HLSC 方式的 LAI 显著高于 TC 方式的 LAI，3 年试验 HLSC 方式的 LAI 较 TC 方式分别增加 27.37%、12.95%和 48.84%。而 RC 的 LAI 低于 TC 方式的 LAI，但差异不显著。相同栽培方式下，冬小麦 LAI 表现为高水>中水>低水，但 2017—2018 年和 2019—2020 年不同灌溉水平的冬小麦 LAI 差异不显著。3 年试验下最大 LAI 均在 HLSCH 处理获得，最大值分别为 5.09、6.22 和 6.28。

表 4-1　不同栽培模式和灌溉水平对冬小麦叶面积指数（LAI）的影响（2017—2020 年）

栽培方式	灌溉水平	2017—2018	2018—2019	2019—2020
TC	H	3.98b	5.65b	4.45b
	M		5.44b	3.98cd
	L		4.59cd	3.85cde
	AVG	**3.98**	**5.23**	**4.09**
RC	H	3.64c	5.29b	4.03bc
	M	3.45cd	4.87c	3.53de
	L	3.30d	4.22d	3.48e
	AVG	**3.46**	**4.79**	**3.68**
HLSC	H	5.09a	6.22a	6.28a
	M	5.08a	6.12a	5.97a
	L	5.06a	5.37b	6.02a
	AVG	**5.07**	**5.9**	**6.09**
P 值	C	0.000	0.000	0.000
	I	NS	0.000	0.002
	C×I	NS	NS	NS

注：AVG 为 3 个水分处理的平均值；C 代表栽培方式，I 代表灌溉水平，C×I 代表交互作用；同一列数据后不同小写字母表示处理之间差异达 5%显著水平；NS 代表 $P>0.05$，差异不显著；下同。

四、冬小麦生物量及收获指数

1. 开花期冬小麦生物量积累与分配

表 4-2 是不同栽培方式和灌溉水平对开花期冬小麦地上部生物量的积累与分配的方差分析结果。3 年试验下栽培方式对开花期小麦茎、叶、穗和地上部生物量的影响均达到极显著水平（$P<0.01$）。栽培方式对 2018—2019 年和 2019—2020 年茎干重占比、对 2018—2019 年叶干重占比、对 2019—2020 年穗干重占比影响显著。灌溉水平对 2018—2019 年茎干重及其占比、叶干重及其占比、穗干重和地上部生物量影响显著。栽培方式和灌溉水平的交互作用对 2018—2019 年冬小麦地上部生物量的积累与分配影响显著，对 2017—2018 年和 2019—2020 年影响不显著。

表 4-2　开花期冬小麦地上部生物量的积累与分配的方差分析

试验年份	因子	地上部生物量	茎		叶		穗	
			重量	比例	重量	比例	重量	比例
2017—2018	C	0.000	0.000	NS	0.000	NS	0.000	NS
	I	0.012	NS	NS	NS	NS	NS	NS
	C×I	NS	NS	NS	NS	NS	NS	NS
2018—2019	C	0.000	0.000	0.020	0.000	0.000	0.000	NS
	I	0.000	0.000	0.010	0.000	0.016	0.000	NS
	C×I	0.000	0.000	0.010	NS	0.011	0.000	0.024
2019—2020	C	0.000	0.000	0.000	0.000	NS	0.000	0.000
	I	0.042	NS	NS	0.002	NS	NS	NS
	C×I	NS	NS	NS	NS	NS	NS	NS

注：C 代表栽培方式，I 代表灌溉水平，C×I 代表交互作用；NS 代表 $P>0.05$，差异不显著。

由表 4-3 可知，2017—2018 年、2018—2019 年和 2019—2020 年开花期

不同处理地上部生物量分别为7 467~10 832kg/hm^2、7 913~12 668kg/hm^{2}和8 598~15 026kg/hm^2。可以看出，2017—2018年冬小麦受到倒春寒的影响，导致该季冬小麦地上部生物量明显低于其他两个生育期。3年试验下，相同灌溉水平开花期HLSC方式的地上部生物量显著高于TC和RC方式。2017—2018年，HLSC方式分别比TC和RC高35.58%和39.91%；2018—2019年，HLSC方式分别比TC和RC高24.38%和33.88%；2019—2020年，HLSC方式分别比TC和RC高46.78%和67.14%；相同灌溉水平RC方式的地上部生物量小于TC处理，但并不是在所有灌溉水平下差异显著。相同栽培方式下，地上部生物量随着灌水定额的增加逐渐增大，在高水处理达到最大。其中2018—2019年3种栽培模式下高水处理的地上部生物量与低水处理的生物量的差异达到显著水平（2018—2019年冬小麦生育期降雨较少）。

表4-3　开花期不同栽培模式和灌溉水平下冬小麦地上部生物量的积累与分配

试验年份	栽培方式	灌溉水平	地上部生物量（kg/hm^2）	茎		叶		穗	
				重量（kg/hm^2）	比例（%）	重量（kg/hm^2）	比例（%）	重量（kg/hm^2）	比例（%）
2017—2018	TC	H	7 989c	4 690c	58.69a	1 657b	20.76a	1 642b	20.56ab
	RC	H	7 742cd	4 556c	58.84a	1 514c	19.56a	1 672b	21.60ab
		M	7 585d	4 491c	59.24a	1 435cd	18.89a	1 659b	21.87a
		L	7 467d	4 508c	60.36a	1 372d	18.36a	1 588b	21.28ab
		AVG	**7 598**	**4 518**	**59.48**	**1 440**	**18.94**	**1 640**	**21.58**
	HLSC	H	10 832a	6 481a	59.83a	2 116a	19.53a	2 235a	20.63b
		M	10 644ab	6 254b	58.75a	2 112a	19.84a	2 278a	21.40ab
		L	10 443b	6 148b	58.87a	2 105a	20.16a	2 190a	20.97b
		AVG	**10 640**	**6 294**	**59.15**	**2 111**	**19.85**	**2 235**	**21.00**

（续表）

试验年份	栽培方式	灌溉水平	地上部生物量（kg/hm²）	茎		叶		穗	
				重量（kg/hm²）	比例（%）	重量（kg/hm²）	比例（%）	重量（kg/hm²）	比例（%）
2018—2019	TC	H	10 654c	6 055c	56.83ab	2 351b	22.06b	2 248b	21.10bc
		M	9 434e	5 259de	55.66bc	2 263bc	24.01a	1 912c	20.33c
		L	9 206e	5 420d	58.87a	1 908ef	20.73bcd	1 878c	20.40c
		AVG	**9 765**	**5 578**	**57.12**	**2 174**	**22.27**	**2 013**	**20.61**
	RC	H	10 199d	5 938c	58.22a	2 171cd	21.30bc	2 090b	20.48c
		M	9 103e	4 948e	54.35c	2 027de	22.27b	2 128b	23.38a
		L	7 913f	4 487f	56.70ab	1 754f	22.16b	1 673d	21.15bc
		AVG	**9 072**	**5 124**	**56.42**	**1 984**	**21.91**	**1 964**	**21.67**
	HLSC	H	12 268a	7 106a	57.92a	2 589a	21.11bc	2 573a	20.97bc
		M	12 668a	7 404a	58.45a	2 544a	20.08cd	2 720a	21.47bc
		L	11 499b	6 662b	57.92a	2 234bc	19.43d	2 603a	22.64ab
		AVG	**12 145**	**7 057**	**58.10**	**2 456**	**20.21**	**2 632**	**21.69**
2019—2020	TC	H	10 636b	6 326b	59.51a	1 850b	17.41ab	2 460b	23.09bc
		M	9 770bc	5 839bc	59.80a	1 657cd	17.01b	2 275b	23.19bc
		L	9 436cd	5 477cd	58.09ab	1 600cde	16.95b	2 359b	24.97ab
		AVG	**9 947**	**5 881**	**59.13**	**1 702**	**17.12**	**2 364**	**23.75**

（续表）

试验年份	栽培方式	灌溉水平	地上部生物量（kg/hm²）	茎		叶		穗	
				重量（kg/hm²）	比例（%）	重量（kg/hm²）	比例（%）	重量（kg/hm²）	比例（%）
2019—2020	RC	H	8 815cd	4 934d	55.96b	1 676bc	19.00ab	2 206b	25.04ab
		M	8 793cd	4 966d	56.48b	1 471de	16.72b	2 357b	26.80a
		L	8 598d	4 852d	56.43b	1 449e	16.84b	2 298b	26.73a
		AVG	**8 736**	**4 917**	**56.29**	**1 532**	**17.52**	**2 287**	**26.19**
	HLSC	H	15 026a	9 047a	60.20a	2 614a	17.43ab	3 364a	22.37c
		M	14 421a	8 546a	59.23a	2 483a	17.22ab	3 392a	23.55bc
		L	14 355a	8 597a	59.83a	2 504a	17.48ab	3 254a	22.69bc
		AVG	**14 601**	**8 730**	**59.75**	**2 534**	**17.38**	**3 337**	**22.87**

注：同一年数据后不同小写字母表示处理之间差异达5%显著水平。

冬小麦开花期地上部生物量分配在茎的比例最大，其次是穗，叶干重所占比例最小。3 年试验茎干重所占比例分别为 58.75%～60.36%、54.35%～58.87%和 55.96%～60.20%，叶干重所占比例分别为 18.36%～20.76%、19.43%～24.01%和 16.72%～19.00%，穗干重所占比例分别为 20.56%～21.87%、20.33%～23.38%和 22.37%～26.80%。可见，开花期冬小麦地上部干物质量主要分配在营养器官中，分配在生殖器官的比例不大。2019—2020 年 HLSC 方式的茎干重占比显著高于 RC 方式，而 HLSC 方式的穗干重占比显著低于 RC 方式。不同灌溉水平对开花期生物量分配的影响没有一致的规律。

2. 收获期冬小麦生物量积累与分配

不同栽培方式和灌溉水平对收获期地上部生物量的积累、分配及收获指数的影响列于表 4-4 中。3 年试验下栽培方式对收获期小麦营养器官及其占比、生殖器官及其占比、地上部生物量和收获指数的影响均达到显著水平（$P<0.05$）。2018—2019 年和 2019—2020 年灌溉水平对营养器官、生殖器官和地上部生物量的影响极显著，对收获指数的影响不显著。2017—2018 年灌溉水平对营养器官的积累及占比影响显著。栽培方式和灌溉水平的交互作用对营养器官、生殖器官、地上部生物量和收获指数的影响均不显著。

表 4-4　收获期冬小麦地上部生物量的积累、分配和收获指数的方差分析

试验年份	灌溉水平	地上部生物量	茎叶		穗		收获指数
			重量	比例	重量	比例	
2017—2018	C	0.000	0.000	0.017	0.000	0.017	0.000
	I	NS	0.011	0.046	NS	0.046	NS
	C×I	NS	NS	NS	NS	NS	NS
2018—2019	C	0.000	0.000	0.000	0.000	0.000	0.000
	I	0.000	0.000	NS	0.000	NS	NS
	C×I	NS	NS	NS	NS	NS	NS
2019—2020	C	0.000	0.000	0.016	0.000	0.016	0.000
	I	0.001	0.002	0.012	0.002	0.012	NS
	C×I	NS	NS	NS	NS	NS	NS

注：C 代表栽培方式，I 代表灌溉水平，C×I 代表交互作用；NS 代表 $P>0.05$，差异不显著。

3 年试验收获期不同处理地上部生物量分别为 12 533～21 220kg/hm^2、13 203～24 071kg/hm^{2}和 15 368～22 349kg/hm^2。相同灌溉水平下，HLSC 方式下冬小麦的茎叶生物量、穗部生物量和地上部生物量显著高于 TC 和 RC（表 4-5）。2017—2018 年 HLSC 方式下冬小麦的茎叶、穗和地上部生物量分别比 TC 高 43.28%、37.35%和 39.58%；2018—2019 年 HLSC 方式下冬小麦的茎叶、穗和地上部生物量分别比 TC 高 13.98%、44.55%和 32.45%；2019—2020 年 HLSC 方式下冬小麦的茎叶、穗和地上部生物量分别比 TC 高 28.88%、31.32%和 30.32%；RC 方式下地上部生物量显著低于 TC，3 年试验下 RC 的地上部生物量分别比 TC 低 13.01%、15.00%和 6.49%。相同栽培方式下，2017—2018 年由于降雨较多，不同灌溉处理的地上部生物量没有显著差异；2018—2019 年各灌溉处理地上部生物量差异显著，表现为高水>中水>低水；2019—2020 年高水和中水处理生物量没有显著差异，但高水处理显著高于低水。

收获期冬小麦地上部生物量主要分配在穗部，3 年试验穗干重的比例分别为 60.91% ~ 65.97%、59.26% ~ 66.76% 和 55.40% ~ 59.59%。相比开花期，收获期茎叶干重及其占比减小，穗干重及其占比明显增加。3 年试验下，茎叶干重的占比分别从开花期的 78.83%、78.68% 和 75.73% 减小到收获期的 37.24%、36.56% 和 42.42%，穗干重的占比分别从开花期的 21.17%、21.32% 和 24.27% 增加到收获期的 62.76%、63.44% 和 57.58%。可见，冬小麦开花后进入生殖生长阶段，植株的光合同化物逐渐转移到生殖器官，生殖器官生物量显著增大。

表 4-5　收获期不同栽培模式和灌溉水平下冬小麦地上部生物量的积累与分配

试验年份	栽培方式	灌溉水平	地上部生物量（kg/hm^2）	茎叶		穗	
				重量（kg/hm^2）	比例（%）	重量（kg/hm^2）	比例（%）
2017—2018	TC	H	15 056b	5 650c	37.51a	9 406b	62.49b
	RC	H	13 097c	4 813d	36.77ab	8 284b	63.23ab
		M	13 204c	4 832d	36.62ab	8 372b	63.38ab
		L	12 533c	4 264d	34.03b	8 269b	65.97a
		AVG	**12 945**	**4 636**	**35.80**	**8 308**	**64.20**
	HLSC	H	21 015a	8 095ab	38.56a	12 920a	61.44b
		M	21 220a	8 295a	39.09a	12 925a	60.91b
		L	20 157a	7 478b	37.12a	12 679a	62.88b
		AVG	**20 797**	**7 956**	**38.26**	**12 841**	**61.74**

（续表）

试验年份	栽培方式	灌溉水平	地上部生物量（kg/hm²）	茎叶		穗	
				重量（kg/hm²）	比例（%）	重量（kg/hm²）	比例（%）
2018—2019	TC	H	17 223d	7 021c	40. 74a	10 202d	59. 26e
		M	17 387d	6 931c	39. 85ab	10 455d	60. 15de
		L	16 397e	6 236d	38. 04bc	10 161d	61. 96cd
		AVG	**17 002**	**6 730**	**39. 54**	**10 273**	**60. 46**
	RC	H	15 710e	5 707e	36. 33cd	10 003d	63. 67bc
		M	14 442f	5 323e	36. 85cd	9 119e	63. 15bc
		L	13 203g	4 611f	34. 88de	8 592f	65. 12ab
		AVG	**14 452**	**5 213**	**36. 02**	**9 238**	**63. 98**
	HLSC	H	24 071a	8 106a	33. 67e	15 965a	66. 33a
		M	22 820b	7 587b	33. 24e	15 233b	66. 76a
		L	20 668c	7 318bc	35. 41de	13 350c	64. 59ab
		AVG	**22 520**	**7 670**	**34. 11**	**14 850**	**65. 89**
2019—2020	TC	H	17 193c	7 672c	44. 60a	9 520c	55. 40d
		M	17 066c	7 352cd	43. 05abc	9 715c	56. 95bcd
		L	16 327d	6 836de	41. 88bcd	9 491c	58. 12abc
		AVG	**16 862**	**7 287**	**43. 18**	**9 575**	**56. 82**
	RC	H	16 153d	6 767de	41. 90bcd	9 386c	58. 10abc
		M	15 781d	6 379e	40. 41d	9 402c	59. 59a
		L	15 368de	6 400e	41. 60cd	8 967d	58. 40ab
		AVG	**15 767**	**6 516**	**41. 30**	**9 252**	**58. 70**
	HLSC	H	22 349a	9 895a	44. 27ab	12 454b	55. 73cd
		M	22 259a	9 245b	41. 53cd	13 013a	58. 47ab
		L	21 254b	9 033b	42. 50abc	12 221b	57. 50abc
		AVG	**21 954**	**9 391**	**42. 77**	**12 563**	**57. 23**

注：同一年数据后不同小写字母表示处理之间差异达5%显著水平。

图 4-4 描述了 3 年试验不同处理花后地上部生物量积累量和花后穗部生物量积累量。由图 4-4 可以看出，不同处理花后地上部生物量积累量与花后穗部生物量的积累量密切相关，这一定程度说明花后地上部生物量的增加主要是因为花后穗部生物量的增加。2019—2020 年两者关系不密切，原因可能是该季在开花后期进行取样（2017—2018 年和 2018—2019 年在开花初期进行取样），导致计算结果与前两季不吻合。2017—2018 年和 2018—2019 年 HLSC 方式的花后地上部生物量的积累量和花后穗部生物量的积累量显著高于 TC 和 RC 方式，RC 方式下花后生物量的积累量最小。例如在 2018—2019 年，3 个灌溉水平下 HLSC 方式的花后地上部生物量积累量分别比 TC 方式增加 79.67%、27.66%和 27.52%，RC 方式的花后地上部生物量积累量分别比 TC 方式减少了 19.20%、48.97%和 35.93%。2019—2020 年 HLSC 方式的花后穗部生物量的积累量显著高于 TC 和 RC 方式，TC 和 RC 方式下差异不显著。而 2019—2020 年不同栽培方式和灌溉水平下花后地上部生物量的差异不显著。冬小麦开花灌浆期是产量形成的关键阶段，花后生物量的积累量与产量形成密切相关。HLSC 方式花后生物量积累量显著高于其他两种方式，这或许会导致 HLSC 方式的产量显著高于其他两种方式。

收获指数（HI）为收获时籽粒产量与生物量之比，反映了光合同化物转化为经济产量的能力。图 4-5 显示，2017—2018 年冬小麦 TC、RC 和 HLSC 方式的 HI 分别为 0.44、0.49 和 0.39；2018—2019 年的 HI 分别为 0.49、0.53 和 0.41；2019—2020 年的 HI 分别为 0.53、0.52 和 0.46。2017—2018 年冬小麦的 HI 明显低于其他两季试验结果，这可能与该季冬小麦返青期受到的冻害有关。HLSC 方式下 HI 显著小于 TC 和 RC，3 年试验下 HLSC 的 HI 分别比 TC 方式减少 12.11%、16.51%和 14.15%，说明 HLSC 方式虽然大大增加了群体的光合同化物，但光合同化物转化为经济产物的能力降低。2017—2018 年和 2018—2019 年 RC 方式下冬小麦的 HI 显著高于 TC，2019—2020 年 RC 与 TC 下 HI 没有显著差异。

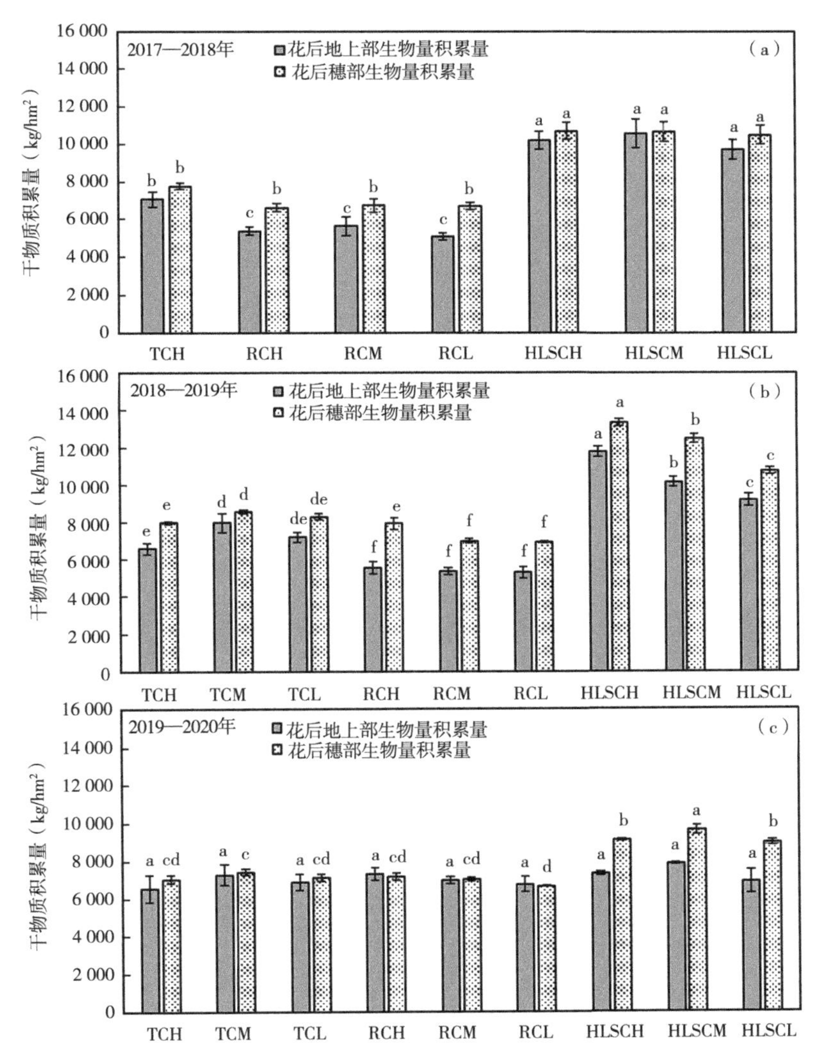

图 4-4　不同栽培模式和灌溉水平对冬小麦花后生物量积累量的影响（2017—2020 年）

注：TCH 表示常规畦作高水处理；TCM 表示常规畦作中水处理；TCL 表示常规畦作低水处理；RCH 为垄作高水处理；RCM 为垄作中水处理；RCL 为垄作低水处理；HLSCH 为高低畦作高水处理；HLSCM 为高低畦作中水处理；HLSCL 为高低畦作低水处理；下同。

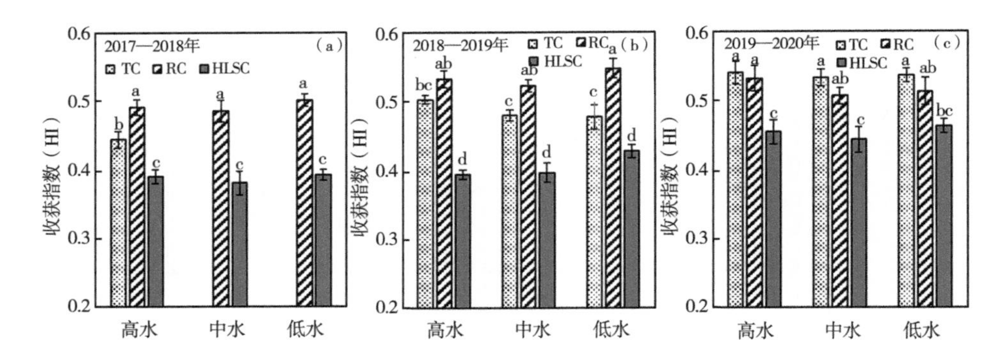

图 4-5　不同栽培模式和灌溉水平对冬小麦收获指数（HI）的影响（2017—2020 年）

第二节　不同栽培方式和灌溉水平对冬小麦产量及其组成的影响

表 4-6 为不同栽培方式和灌溉水平下冬小麦籽粒产量及产量构成方差分析结果。可以看出，3 年试验下栽培方式和灌溉水平对冬小麦产量影响均达到显著水平，栽培方式与灌溉水平的交互作用对产量影响不显著。在 3 种灌溉水平下，不同栽培方式下产量表现为：HLSC 方式>TC 方式>RC 方式，其中 2017—2018 年 HLSC 方式的产量较 TC 和 RC 分别提高 22.63%和 26.43%，2018—2019 年 HLSC 方式较 TC 和 RC 分别提高 10.30%和 18.28%，2019—2020 年 HLSC 方式较 TC 和 RC 分别提高 9.96%和 22.05%（表 4-7）。3 年试验 RC 方式的小麦产量较 TC 分别减少 3.72%、6.74%和 9.91%。相同栽培方式，随着灌水定额减少，冬小麦产量减小，但 2017—2018 年 RC 方式、2019—2020 年 TC 方式和 HLSC 方式下不同水分处理差异不显著，这或许与两季较多的降雨有关。

冬小麦成穗数、穗粒数和千粒重是小麦产量构成的主要因素。从产量构成要素来看，3 年试验栽培方式对小麦成穗数影响均为极显著，灌溉方

表 4-6　冬小麦籽粒产量及产量组成的方差分析

试验年份	因子	成穗数	穗粒数	千粒重	籽粒产量
2017—2018	C	0.000	0.037	0.047	0.000
	I	NS	NS	NS	0.012
	C×I	NS	NS	NS	NS
2018—2019	C	0.000	NS	0.000	0.000
	I	0.005	0.004	0.000	0.000
	C×I	NS	0.042	0.004	NS
2019—2020	C	0.000	0.004	0.000	0.000
	I	NS	0.000	0.000	0.041
	C×I	NS	0.001	NS	NS

注：C 代表栽培方式，I 代表灌溉水平，C×I 代表交互作用；NS 代表 $P>0.05$，差异不显著。

式仅在 2018—2019 年对成穗数影响极显著。3 年度最大成穗数分别为 778 万株/hm^2、753 万株/hm^{2}和 852 万株/hm^2，HLSC 方式的成穗数显著高于 TC 和 RC 方式，TC 方式和 RC 方式的成穗数没有显著差异。随着灌水定额减少，不同栽培方式下成穗数减小，但 2017—2018 年和 2019—2020 年不同水分处理间差异不显著。不同栽培方式对 3 年度冬小麦穗粒数和千粒重的影响显著（2018—2019 年冬小麦穗粒数除外）。2017—2018 年和 2018—2019 年 HLSC 方式下穗粒数小于 TC 和 RC 方式，尽管不是在所有灌溉水平下都达到显著水平。RC 方式冬小麦千粒重在 2017—2018 年和 2019—2020 年与 TC 和 HLSC 方式差异不显著，而在 2018—2019 年显著低于其他两种方式。对于不同年份，2017—2018 年冬小麦成穗数、穗粒数、千粒重和籽粒产量明显小于 2018—2019 年冬小麦。造成这一现象的原因是，一方面 2017—2018 年出现的“倒春寒”现象致使麦苗生长发育以及籽粒形成过程均受影响，最终导致籽粒产量下降。另一方面，2017—2018 年采用的小麦品种与后两年不同，也会对该季小麦产量造成一些影响。2019—2020 年穗粒数明显小于前两季试验，可能是受该季较多的成穗数的影响。2019—2020 年成穗数和千粒重明显高于前两季，使得该季小麦籽粒产量高于前两季。

表 4-7　不同栽培模式和灌溉水平下冬小麦籽粒产量及产量组成

试验年份	栽培方式	灌溉水平	成穗数（×10^4/hm^2）	穗粒数（粒）	千粒重（g）	籽粒产量（kg/hm^2）
2017—2018	TC	H	557b	33. 30abc	43. 16a	6 686c
	RC	H	544b	35. 33a	43. 69a	6 437d
		M	530b	33. 90abc	43. 47a	6 399d
		L	487b	34. 60ab	43. 35a	6 278d
		AVG	**520**	**34. 61**	**43. 50**	**6 371**
	HLSC	H	778a	32. 01c	43. 39a	8 199a
		M	729a	32. 66bc	42. 34a	8 059a
		L	702a	34. 38ab	42. 55a	7 909b
		AVG	**736**	**33. 01**	**42. 76**	**8 056**
2018—2019	TC	H	660c	40. 17ab	47. 93a	8 656bc
		M	630cd	37. 92bc	47. 27b	8 332c
		L	555d	35. 83c	47. 20bc	7 815d
		AVG	**615**	**37. 97**	**47. 47**	**8 268**
	RC	H	610cd	40. 89a	47. 05bc	8 360c
		M	602cd	37. 17bc	46. 35de	7 543de
		L	572d	35. 61c	45. 93e	7 227e
		AVG	**595**	**37. 89**	**46. 44**	**7 710**
	HLSC	H	753a	36. 46c	48. 07a	9 480a
		M	741ab	35. 91c	48. 28a	9 048ab
		L	674bc	37. 26bc	46. 67cd	8 831cd
		AVG	**723**	**36. 54**	**47. 67**	**9 120**

（续表）

试验年份	栽培方式	灌溉水平	成穗数（$\times 10^4/hm^2$）	穗粒数（粒）	千粒重（g）	籽粒产量（kg/hm^2）
2019—2020	TC	H	687b	25.94a	49.96cd	9 283bcd
		M	683b	24.57cd	50.65ab	9 091cd
		L	659b	23.62ef	50.91a	8 754d
		AVG	**676**	**24.71**	**50.51**	**9 043**
	RC	H	660b	25.29ab	49.67d	8 587de
		M	658b	23.93de	50.07cd	7 987e
		L	643b	23.03f	50.33bc	7 867e
		AVG	**694**	**24.08**	**50.02**	**8 147**
	HLSC	H	852a	24.88bc	50.28bc	10 147a
		M	848a	24.46cd	50.77ab	9 856ab
		L	825a	24.74bc	51.08a	9 827abc
		AVG	**842**	**24.69**	**50.71**	**9 944**

注：同一年数据后不同小写字母表示处理之间差异达5%显著水平。

第三节　产量与生长指标及产量组成的相关分析

采用皮尔逊相关系数对籽粒产量与生长指标（开花期叶面积指数、收获期地上部生物量和穗部生物量）和产量构成（成穗数、穗粒数和千粒重）进行相关分析。如图4-6所示，3年试验下籽粒产量与叶面积指数、地上部生物量和穗部生物量密切相关，其中籽粒产量与叶面积指数的决定系数R^2均大于0.90，籽粒产量与地上部生物量的决定系数R^2分别为0.99、0.90和0.96，籽粒产量与穗部生物量的决定系数R^2分别为0.99、0.85和0.85。籽粒产量随着叶面积指数、地上部生物量和穗部生物量的增加而增大，说明在冬小麦生产中提高叶面积指数和生物量积累是获得高产的关键。2018—2019年和2019—2020年籽粒产量与地上部生物量和穗部生物量的回归方程为开口向下的抛物线，说明一定范围内增加地上部生物量有利于产量的提升，但过多的生物量积累会对产量造成负面影响。因此，在农业生产中应注意群体密度的管理。

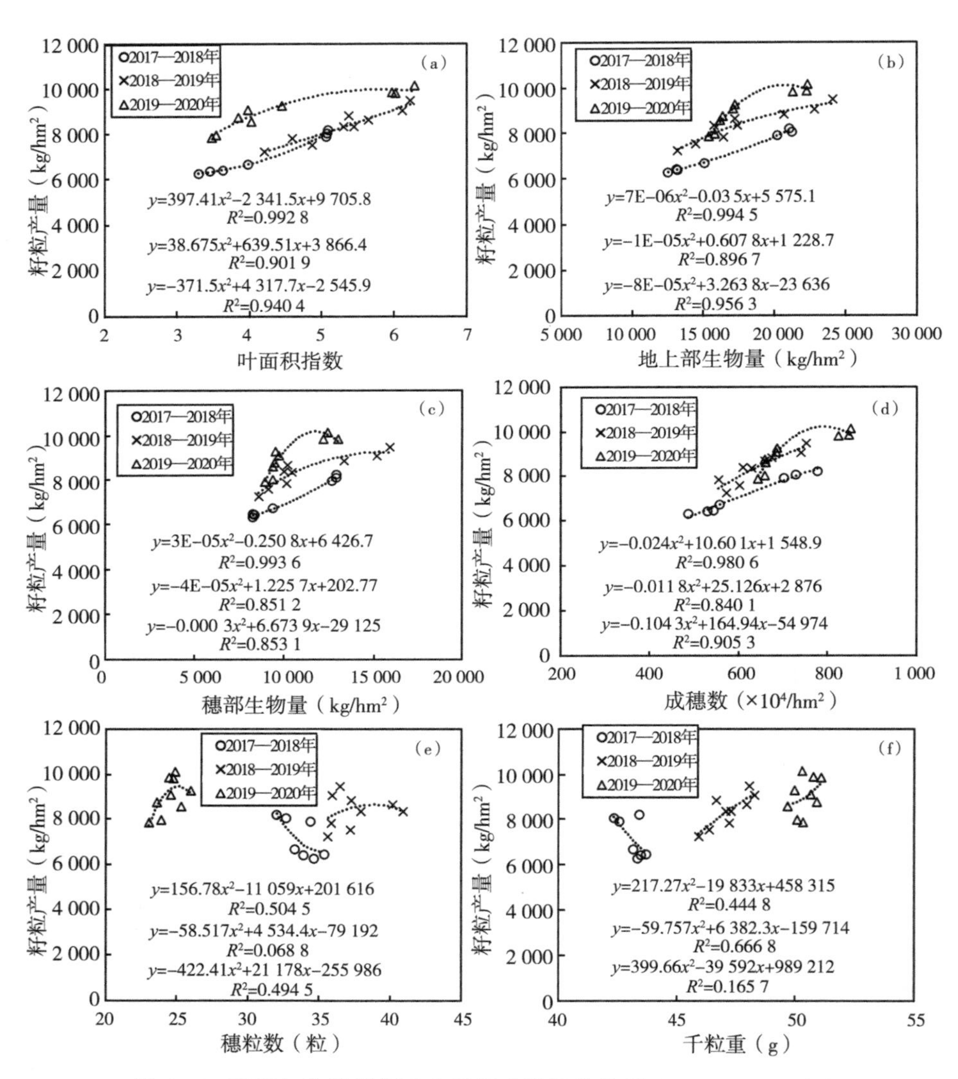

图 4-6　产量与生长指标及产量组成的相关关系（2017—2020 年）

对于产量构成，籽粒产量与收获期成穗数的相关关系显著，3 年试验下 R^2分别为 0. 98、0. 84 和 0. 91。籽粒产量与穗粒数和千粒重的相关性不显著，3 年试验籽粒产量与穗粒数和千粒重的 R^2均很小，其中 2018—2019 年籽粒产量与穗粒的 R^2仅为 0. 69，2019—2020 年籽粒产量与千粒重的 R^2仅为 0. 17。可见，在籽粒构成的三要素中，通过管理措施提升收获期成穗数是提高产量的关键。这一定程度说明了 HLSC 方式的产量显著高于 TC 和 RC 方式的主要原因是 HLSC 方式显著提高冬小麦分蘖，增加了收获期成穗数。

第四节　讨　论

密植作物易造成叶片间相互遮阴（Pierik and Wit，2014），导致群体内光分布不合理，影响叶片结构发育，直接影响叶片光合性能及群体光能利用效率。对于密植作物，通过合理的栽培方式，使植株得到合理的分布，可以有效改善植株的冠层结构（李静等，2020；Liu et al.，2018）。研究表明，垄作冬小麦种植方式使田面形成波浪形的结构，扩大了土壤表面，增加了受光面。垄作改善了田间小气候，降低田间湿度 10%左右，光能利用率较平作增加 10%～13%（Wang et al.，2004；Wang et al.，2009；王旭清等，2005）。HLSC 方式由高低相间的畦面构成，高畦和低畦均种植小麦。这样，冬小麦高低畦种植模式形成与垄作方式类似的“微梯田”结构，可使受光面增加 10%左右，增加了吸光吸热。同时，高畦低畦错落分布，有助于麦田通风，改善麦田小气候，增大光合速率。本研究中，HLSC 方式高畦小麦的株高显著低于低畦小麦，3 年试验 HLSC-H 的小麦株高较 HLSC-L 分别降低了 3. 31%、2. 41%和 4. 55%。由第三章可知，在拔节期追施氮肥后，HLSC-H 的土壤硝态氮含量明显小于 HLSC-L 的相同土层的土壤硝态氮含量。由于土壤硝态氮是作物生长发育所需的主要的土壤氮素来源，HLSC-H 土壤中较低的硝态氮含量势必会对冬小麦生长产生影响。因此，HLSC 方式高畦和低畦上冬小麦株高的差异可能是受高畦和低畦土壤氮素差异的影响。本研究未对不同栽培方式的田间小气候（如冠层内湿度、温度、CO_2浓度、光截获等）进行测定，后期应继续开展相关试验，探索不同栽培方式对冠层小气候的影响，更好地阐述不同栽培方式生长发育和产量形成的机理。

叶面积指数（LAI）和地上部生物量是反映作物生长发育状况的两个重要指标。研究表明，小麦籽粒产量与LAI和地上部生物量的积累密切相关（Xu et al.，2018），增加开花后植株的生物量是提高产量的有效措施（Shi et al.，2016；Wang et al.，2016b）。生物量的积累很大程度取决于LAI，一般而言，较大的LAI会产生较高的生物量（Man et al.，2017）。本研究中，HLSC方式的LAI和地上部生物量显著高于TC和RC方式。其中HLSC方式的LAI分别比TC方式高27.37%、12.95%和48.84%，HLSC方式的地上部生物量分别比TC方式高35.58%、24.38%和46.78%。同时，HLSC方式开花后地上部生物量的积累也显著高于其他两种方式。RC方式的LAI和地上部生物量低于TC方式，但并不是在所有灌溉水平下达到显著水平。由于较高的LAI和地上部生物量，HLSC方式的籽粒产量相比TC和RC方式显著提升，3年试验下HLSC方式分别比TC方式增产22.63%、10.30%和9.96%。而RC方式的LAI和地上部生物量均低于TC方式，导致其籽粒产量分别比TC方式减少3.72%、6.74%和9.91%。增加灌水量均有利于LAI和地上部生物量的提升，3种栽培方式下LAI和地上部生物量均在高水处理达到最大，最终使得籽粒产量在高水处理达到最大。

分析产量构成，HLSC方式的冬小麦成穗数相比TC和RC方式显著提高。其中2017—2018年冬小麦收获期TC、RC和HLSC的成穗数分别为557万株/hm^2、544万株/hm^2和778万株/hm^2，2018—2019年分别为615万株/hm^2、595万株/hm^2和723万株/hm^2，2019—2020年分别为676万株/hm^2、694万株/hm^2和842万株/hm^2。研究表明，小麦产量与成穗数和穗粒数高度相关，提高亩穗数和穗粒数是提高籽粒产量的关键（Si et al.，2020；Xu et al.，2018）。本研究中3种栽培方式的播种量均为120kg/hm^2，在越冬前测定的3种栽培方式的基本苗没有显著差异。冬小麦分蘖后不同栽培方式的群体密度的差异逐渐表现出来，HLSC方式的群体密度显著高于TC和RC方式。也可以说，HLSC方式有利于冬小麦分蘖，提高冬小麦的群体密度，提高 LAI 和地上部生物量，最终使产量得到提升。同时应该注意到，HLSC 方式的 HI 显著低于 TC 和 RC 方式，说明 HLSC 方式虽然大大增加了群体的光合同化物和籽粒产量，但光合同化物转化为经济产物的能力降低。原因可能是 HLSC 方式的群体密度太高，降低光合同化物向籽粒的转移能力。研究表明，较高的生物量和 HI 有助于冬小麦产量提高（Xu et al.，2018；Xue et al.，2006）。武兰芳和欧阳竹（2014）研究发现，调整行距对产量的影响作用大于调整播种量对产量的影响作用。因此，后期对高低畦规格改进时可以尝试加大行距，同时应注意行距的合理搭配。

以往的研究表明，华北平原垄作方式能有效提高小麦产量（Wang et al.，2009；李升东等，2009）。然而，本研究中 RC 方式的产量最低，3 年分别比 TC 方式减产 3.72%、6.74%和 9.91%。分析其中原因，主要是本研究中采用的垄作模式的规格尺寸导致的。本研究中，RC 方式冬小麦的小行距为 15cm，大行距（垄外行距）达到 60cm，在孕穗期（LAI 最大）冠层仍没有完全覆盖垄沟，导致光能损失。Fischer et al.（1976）认为，限制潜在产量的最主要资源是光照，即在穗生长开始（旗叶出现前几天）或之前，植物群体的数量和分布必须不低于捕获所有光合有效辐射所必需的数量（或至少达到 95%）。同时，Fischer et al.（1976）研究发现，对于矮秆小麦，在种植密度为 80～300 株/m^2或者行距为 10～40cm，产量变化很小。在墨西哥开展的试验研究表明，垄作小麦主要考虑的是品种捕捉垄体间隙的太阳辐射的能力，对于大部分矮秆小麦，不造成减产的最大小麦间距为 44cm（Roth，2005）。Fischer et al.（2019）综合了 30 多年的关于行距的研究发现，对行距敏感的品种（矮秆品种）在行距达到 30cm 或以上时产量就会下降，而对行距不敏感的小麦品种（半矮秆品种）在行距达 50cm 时仍能保持产量不变。可见，在设计试验研究不同种植方式时，应考虑小麦行距的设置和小麦品种的选择。本研究中垄作小麦产量较低的原因是沟宽设置过大，导致小麦行距过大，土地利用率低，后期可通过改变垄作规格（采取垄上 3 行或拉窄沟间距）继续开展相关研究。

第五章　不同栽培方式和灌溉水平下冬小麦水氮吸收及利用状况

第一节　不同栽培方式和灌溉水平下冬小麦水分利用状况

一、冬小麦收获期土壤贮水量及贮水量消耗

图 5-1 描述了 3 年试验不同栽培方式和灌溉水平下冬小麦收获期 0~40cm、40~100cm 和 100~150cm 土层的土壤贮水量状况。2017—2018 年、2018—2019 年和 2019—2020 年不同处理收获期 0~150cm 土壤贮水量范围分别为 285. 13~359. 25mm、130. 07~204. 39mm 和 220. 17~321. 82mm。2018—2019 年冬小麦生育期降雨较少，其收获期各处理麦田各层土壤贮水量均明显小于其他两季；而 2017—2018 年降雨较多，该季收获期麦田土壤贮水量最大。

收获期 HLSC 方式的土壤贮水量显著低于 TC 和 RC 方式。在 2017—2018 年，3 个灌溉水平下 HLSC 方式在 0~150cm 土层的土壤贮水量分别比 RC 方式低 20. 51%、15. 45%和 11. 76%，其中 HLSC 方式在 0~40cm 土层的土壤贮水量略小于 TC 和 RC 方式，在 40~100cm 土层的土壤贮水量显著小于 TC 和 RC 方式，在 100~150cm 的土壤贮水量在不同栽培方式没有显著差异。在 2018—2019 年，3 个灌溉水平下 HLSC 方式在 0~150cm

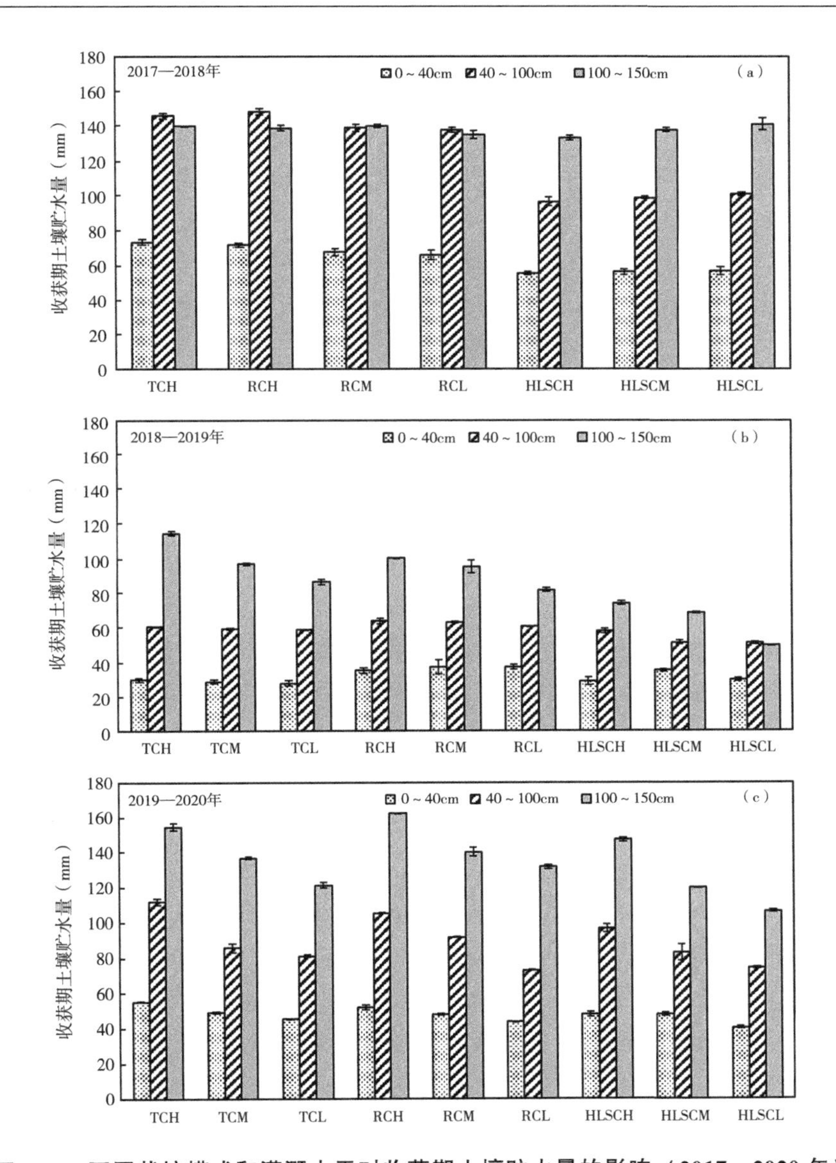

图 5-1　不同栽培模式和灌溉水平对收获期土壤贮水量的影响（2017—2020 年）

注：TCH 表示常规畦作高水处理；TCM 表示常规畦作中水处理；TCL 表示常规畦作低水处理；RCH 为垄作高水处理；RCM 为垄作中水处理；RCL 为垄作低水处理；HLSCH 为高低畦作高水处理；HLSCM 为高低畦作中水处理；HLSCL 为高低畦作低水处理；下同。

土层的土壤贮水量分别比 TC 方式低 21.32%、16.47%和 24.67%，分别比 RC 方式低 19.17%、20.89%和 27.47%。其中 HLSC 方式在 0~40cm 土层的土壤贮水量与 RC 方式差异不大，但略高于 TC 方式，在 40~100cm 土层的土壤贮水量略小于 TC 和 RC 方式，在 100~150cm 的土壤贮水量显著低于 TC 和 RC 方式。在 2019—2020 年，3 个灌溉水平下 HLSC 方式在 0~150cm 土层的土壤贮水量分别比 TC 方式低 9.59%、7.94%和 11.01%，分别比 RC 方式低 8.80%、10.51%和 11.03%。其中在 0~40cm 和 40~100cm 土层的土壤贮水量 3 种栽培方式差异不大，在 100~150cm 土层 3 种灌溉方式下 HLSC 方式分别比 TC 低 4.92%、12.57%和 12.44%。同时应该注意到，收获期 HLSC 方式与 TC 和 RC 方式的土壤贮水量的差异主要体现在中层和深层土壤上。其中 2017—2018 年 40~100cm 土层的土壤贮水量显著低于 TC 和 RC 方式，2018—2019 年和 2019—2020 年 100~150cm 土层的土壤贮水量显著低于 TC 和 RC 方式。这说明 HLSC 方式相比 TC 和 RC 方式消耗了更多的土壤贮水量，诱发冬小麦更多地利用土壤贮水，特别是深层土壤贮水。这有利于在夏季降雨来临前增加土壤对降雨的容纳能力，从而减少地表径流和深层渗漏的发生。

相同栽培方式下，随着灌水量的减小，收获期 0~150cm 土层土壤贮水量不断减小（2017—2018 年由于降雨较多，且越冬前灌水没有水分处理，不同灌溉水平收获期土壤贮水量没有显著差异）。例如 2018—2019 年，3 个灌溉水平下 TC 方式 0~150cm 的土壤贮水量分别为 204.39mm、184.98mm 和 172.68mm，RC 方式 0~150cm 的土壤贮水量分别为 198.95mm、195.33mm 和 179.34mm，HLSC 方式 0~150cm 的土壤贮水量分别为 160.82mm、154.53mm 和 130.07mm。同时可以看出，收获期不同灌溉水平间土壤贮水量的差异主要体现在 40~100cm 土层和 100~150cm 土层上。2018—2019 年收获期 100~150cm 土层土壤贮水量随着灌水量的减少而显著减小，2019—2020 年收获期 40~100cm 和 100~150cm 土层的土壤贮水量随着灌水量的减少而显著减小。

结合播种前和收获期土壤含水量计算全生育期土壤贮水量的消耗量，结果如图 5-2 所示。3 年试验 0~150cm 土层的土壤贮水量的消耗量分别为 65.27~160.81mm、174.83~246.38mm 和 58.09~164.42mm，2018—

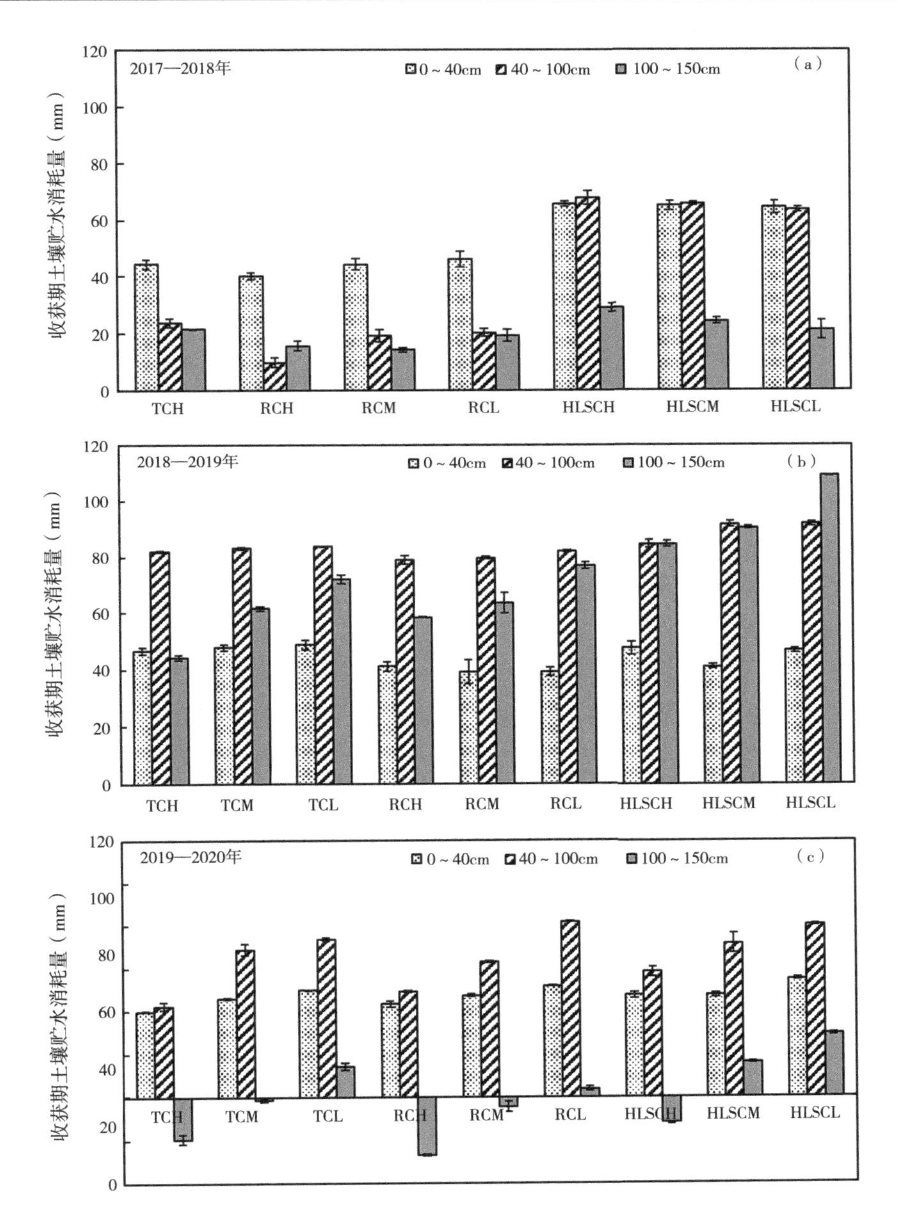

图 5-2　不同栽培模式和灌溉水平对冬小麦全生育期土壤贮水量消耗的影响（2017—2020 年）

2019 年降雨较少，土壤贮水量的消耗量明显大于其他两个生育期。对于 2017—2018 年和 2019—2020 年，土壤贮水消耗量主要体现在 0~40cm 和 40~100cm 土层。其中 2017—2018 年 0~100cm 的土壤贮水消耗量占 0~150cm 土层土壤贮水总消耗量的 76.06%~85.91%，2019—2020 年 0~100cm 的土壤贮水消耗量占 0~150cm 土层土壤贮水总消耗量的 97.28%~100%。这主要是因为 2017—2018 年和 2019—2020 年降雨较多，及时补充了上层和中层土壤水分，冬小麦没有过多地消耗深层土壤水分。2018—2019 年 100~150cm 土层的土壤贮水量的消耗量占 0~150cm 土层贮水量总消耗量的 38.02%~55.90%。其原因是，在降雨较少的年份，冬小麦根系会下扎吸收深层土壤中的水分，增加深层土壤贮水量的消耗量。

相同灌溉水平下，HLSC 方式的土壤贮水量的消耗量显著高于 TC 和 RC 方式。在 2017—2018 年，3 个灌溉水平下 HLSC 方式在 0~150cm 土层的土壤贮水量的消耗量分别比 RC 方式增加 148.10%、98.98% 和 73.77%。在 2018—2019 年，3 个灌溉水平下 HLSC 方式在 0~150cm 土层生育期土壤贮水量的消耗量分别比 TC 方式高 25.21%、15.84% 和 20.83%，分别比 RC 方式高 21.39%、22.44%和 24.90%。在 2019—2020 年，3 个灌溉水平下 HLSC 方式在 0~150cm 土层的土壤贮水量的消耗量分别比 TC 方式高 49.20%、19.03%和 19.87%，分别比 RC 方式高 42.81%、27.85%和 19.90%。相同栽培方式下，随着灌水量的减少，生育期土壤贮水量的消耗量随着灌水量的减小而增大（2017—2018 年差异不显著）。例如 2019—2020 年，3 个灌溉水平下 TC 方式 0~150cm 土层的土壤贮水量的消耗量分别为 62.76mm、113.88mm 和 137.17mm，RC 方式 0~150cm 土层的土壤贮水量的消耗量分别为 58.09mm、105.36mm 和 137.13mm，HLSC 方式 0~150cm 土层的土壤贮水量的消耗量分别为 93.64mm、134.71mm 和 164.42mm。可见，灌水量较少的处理，作物需要消耗更多的土壤水分来满足其生长发育。2019—2020 年 TCH、RCH 和 HLSCH 等处理 100~150cm 土层土壤贮水的消耗量为负，原因是该季在开花期进行了灌水，之后又有频繁的降雨，对深层土壤水分进行了补给，收获期深层土壤贮水量相比播种前有所增加。

二、冬小麦不同生育阶段耗水特征

如表 5-1 所示，播种—拔节阶段气温较低，冬小麦群体密度较小，水分消耗以地面蒸发为主，此阶段耗水强度较小，3 年试验播种—拔节期冬小麦的耗水强度分别为 1.13mm/d、1.16mm/d 和 1.14mm/d。不同栽培方式下播种—拔节阶段的耗水量和耗水强度之间存在显著差异（2019—2020 年差异不显著），HLSC 方式的耗水强度明显高于 TC 和 RC 方式。其中，2017—2018 年 HLSC 的耗水强度分别比 TC 和 RC 方式高 6.14% 和 16.35%；2018—2019 年 HLSC 的耗水强度分别比 TC 和 RC 方式高 9.60% 和 1.98%；2019—2020 年 HLSC 的耗水强度分别比 TC 和 RC 方式高 1.16%和 2.51%。可以看出，种植方式改变了土壤表层结构，从而影响到农田的蒸散发状况。灌溉水平对 2018—2019 年和 2019—2020 年冬小麦播种—拔节阶段的耗水量和耗水强度影响极显著。相同栽培方式下，2018—2019 年和 2019—2020 年冬小麦的耗水量和耗水强度随着灌水量的增加有增大趋势，表现为高水>中水>低水。2017—2018 年 3 个灌溉水平下越冬水的灌水定额相同，该季冬小麦播种—拔节阶段的耗水强度没有差异。

表 5-1　不同栽培方式和灌溉水平对冬小麦阶段耗水特征的影响

试验年份	栽培方式	灌溉水平	播种—拔节		拔节—开花		开花—成熟	
			蒸发蒸腾量（mm）	耗水强度（mm/d）	蒸发蒸腾量（mm）	耗水强度（mm/d）	蒸发蒸腾量（mm）	耗水强度（mm/d）
2017—2018	TC	H	204b	1.14	109c	3.62	192c	4.92
	RC	H	186c	1.04	115c	3.84	179d	4.60
		M	186c	1.04	113c	3.78	175d	4.50
		L	186c	1.04	105c	3.52	173d	4.44
		AVG	**186**	**1.04**	**111**	**3.71**	**176**	**4.51**

（续表）

试验年份	栽培方式	灌溉水平	播种—拔节		拔节—开花		开花—成熟	
			蒸发蒸腾量（mm）	耗水强度（mm/d）	蒸发蒸腾量（mm）	耗水强度（mm/d）	蒸发蒸腾量（mm）	耗水强度（mm/d）
2017—2018	HLSC	H	217a	1.21	146a	4.81	214a	5.51
		M	217a	1.21	128b	4.27	207b	5.30
		L	217a	1.21	110c	3.67	201b	5.14
		AVG	**217**	**1.21**	**128**	**4.25**	**207**	**5.32**
	P 值	C	0.000	0.000	0.000	0.000	0.000	0.000
		I	NS	NS	0.000	0.000	0.004	0.004
		C×I	NS	NS	0.008	0.008	NS	NS
2018—2019	TC	H	204c	1.18	106c	3.32	219a	5.46
		M	190e	1.10	100d	3.12	204b	5.11
		L	175f	1.01	90f	2.82	188c	4.70
		AVG	**189**	**1.09**	**99**	**3.09**	**204**	**5.09**
	RC	H	213b	1.23	98de	3.06	223a	5.50
		M	202c	1.17	95ef	2.95	180d	4.49
		L	196d	1.13	85g	2.67	164e	4.11
		AVG	**204**	**1.18**	**93**	**2.89**	**189**	**4.70**
	HLSC	H	226a	1.31	122a	3.83	223a	5.56
		M	202c	1.17	116b	3.62	206b	5.16
		L	194d	1.12	112b	3.51	186cd	4.65
		AVG	**207**	**1.20**	**117**	**3.65**	**205**	**5.12**
	P 值	C	0.000	0.000	0.000	0.000	0.000	0.000
		I	0.000	0.000	0.000	0.000	0.000	0.000
		C×I	0.000	0.000	NS	NS	0.000	0.000

（续表）

试验年份	栽培方式	灌溉水平	播种—拔节		拔节—开花		开花—成熟	
			蒸发蒸腾量（mm）	耗水强度（mm/d）	蒸发蒸腾量（mm）	耗水强度（mm/d）	蒸发蒸腾量（mm）	耗水强度（mm/d）
2019—2020	TC	H	188ab	1.16	122ab	3.22	185bc	5.14
		M	193ab	1.19	116b	3.05	183bc	5.10
		L	172d	1.06	113b	2.98	176cd	4.90
		AVG	**184**	**1.14**	**117**	**3.08**	**182**	**5.05**
	RC	H	189ab	1.16	124ab	3.26	178c	4.95
		M	183bc	1.13	124ab	3.26	177cd	4.92
		L	174cd	1.08	122ab	3.21	166d	4.60
		AVG	**182**	**1.12**	**123**	**3.24**	**174**	**4.82**
	HLSC	H	195a	1.21	132a	3.47	199a	5.53
		M	187ab	1.16	130a	3.43	196ab	5.43
		L	177cd	1.09	124ab	3.27	188abc	5.22
		AVG	**187**	**1.15**	**129**	**3.39**	**194**	**5.39**
	P 值	C	NS	NS	0.009	0.009	0.000	0.000
		I	0.000	0.000	NS	NS	0.008	0.008
		C×I	NS	NS	NS	NS	NS	NS

注：C 代表栽培方式，I 代表灌溉水平，C×I 代表交互作用；同一年数据后不同小写字母表示处理之间差异达 5%显著水平；NS 代表 $P>0.05$，差异不显著。

冬小麦拔节—开花期，随着大气温度逐渐升高，冬小麦进入快速生长时期，冠层覆盖逐渐增大，植株蒸腾变强，耗水强度相比播种—拔节阶段明显提高，3 年试验拔节—开花阶段的耗水强度分别为 3.93mm/d、3.21mm/d 和 3.24mm/d。种植方式对该时期冬小麦耗水量和耗水强度的影响极显著（$P<0.01$）。HLSC 方式的耗水强度显著高于 TC 和 RC 方式，3

年试验下分别比 TC 高 32.87%、18.34% 和 9.92%，分别比 RC 高 25.26%、26.27%和 4.51%。2018—2019 年，该时期 TC 方式的耗水强度高于 RC，而在 2017—2018 年和 2019—2020 年，RC 方式的耗水强度高于 TC 方式。原因可能是 2017—2018 年和 2019—2020 年拔节—开花降雨多，地表土壤偏湿，而垄作方式裸露的土地面积大，以及沟内通风加大了土壤蒸发量。在 2017—2018 年和 2018—2019 年该阶段耗水量和耗水强度受灌溉水平的影响达到显著水平，在 2019—2020 年影响不显著。相同栽培方式下，冬小麦的阶段耗水量和耗水强度随着灌水量的增加有增大的趋势，在高水处理达到最大。

冬小麦开花后进入生殖生长阶段，此阶段是小麦的需水关键期，叶面积指数和冠层覆盖度达到较高水平，耗水强度最大，3 年试验开花—成熟阶段的耗水强度分别为 4.92mm/d、4.97mm/d 和 5.09mm/d。不同栽培方式之间的阶段耗水量和耗水强度存在显著差异（$P<0.01$），表现为 HLSC>TC>RC。其中，2017—2018 年 HLSC 的耗水强度分别比 TC 和 RC 方式高 11.99%和 19.78%，2018—2019 年 HLSC 的耗水强度分别比 TC 和 RC 方式高 0.66%和 9.01%，2019—2020 年 HLSC 的耗水强度分别比 TC 和 RC 方式高 6.90%和 11.87%。灌溉水平对阶段耗水量和耗水强度影响极显著，表现为高水>中水>低水。

综上，冬小麦各阶段耗水量和耗水强度受栽培方式和灌溉水平的影响较大。随着灌水量的增加，冬小麦各阶段的耗水量和耗水强度有增加趋势，在高水处理达到最大。相同灌溉水平下，HLSC 方式的各阶段耗水量和耗水强度均明显高于 TC 和 RC 方式。原因是 HLSC 方式的群体密度显著高于 TC 和 RC 方式，冬小麦植株蒸腾耗水高于其他两种方式，因此 HLSC 方式下冬小麦各阶段耗水量和耗水强度高于 TC 和 RC 方式。

三、冬小麦全生育期耗水量及其来源的影响

从表 5-2 可以看出，3 年度栽培方式和灌溉水平对冬小麦总耗水量、降水占比、灌水占比、土壤贮水量变化和土壤贮水占比的影响显著（灌溉水平对 2017—2018 年贮水量变化影响不显著）。2019—2020 年栽培方式

和灌溉水平的交互效应对总耗水量及水分来源影响不显著。2017—2018年、2018—2019年和2019—2020年不同处理冬小麦的总耗水量范围分别为464.2～575.7mm、445.7～571.2mm和461.8～526.3mm，其中降水占比分别为39.97%～50.60%、14.99%～19.21%和30.92%～35.23%，灌水量占比分别为27.31%～37.49%、32.80%～52.10%和33.12%～55.02%，土壤水消耗占比分别为13.59%～29.39%、32.70%～49.88%和11.83%～33.61%（表5-3）。可以看出，降雨较少的年份，需要的灌水量和消耗的土壤贮水量较多，因此总耗水量中降水占比小，土壤水消耗占比大。

表5-2　冬小麦农田总耗水量及水分来源的方差分析

试验年份	因子	总耗水量（mm）	降水占比	灌水占比	土壤贮水量变化（mm）	土壤贮水占比
2017—2018	C	0.000	0.000	0.000	0.000	0.000
	I	0.000	0.000	0.000	NS	0.012
	C×I	0.007	0.046	0.000	0.007	0.014
2018—2019	C	0.000	0.000	0.000	0.000	0.000
	I	0.000	0.000	0.000	0.000	0.000
	C×I	0.000	0.000	0.000	0.000	0.000
2019—2020	C	0.000	0.000	0.000	0.000	0.000
	I	0.000	0.000	0.000	0.000	0.000
	C×I	NS	NS	NS	NS	NS

注：C代表栽培方式，I代表灌溉水平，C×I代表交互作用；NS代表$P>0.05$，差异不显著。

表 5-3　不同栽培方式和灌溉水平下冬小麦农田耗水总量及水分来源

试验年份	栽培方式	灌溉水平	总耗水量（mm）	降水		灌水		土壤贮水	
				数量（mm）	比例（%）	数量（mm）	比例（%）	数量（mm）	比例（%）
2017—2018	TC	H	504. 3d	234. 9	46. 58b	180	35. 69b	89. 4b	17. 73b
	RC	H	480. 2e	234. 9	48. 92a	180	37. 49a	65. 3c	13. 59c
		M	474. 4e	234. 9	49. 52a	162	34. 15c	77. 5bc	16. 33b
		L	464. 2e	234. 9	50. 60a	144	31. 02d	85. 3b	18. 37b
		AVG	**472. 9**	**234. 9**	**49. 68**	**162**	**34. 22**	**76. 0**	**16. 10**
	HLSC	H	575. 7a	234. 9	39. 97e	180	30. 63d	160. 8a	29. 39a
		M	551. 4b	234. 9	42. 60d	162	29. 38e	154. 5a	28. 02a
		L	527. 3c	234. 9	44. 55c	144	27. 31f	148. 4a	28. 14a
		AVG	**551. 5**	**234. 9**	**42. 37**	**162**	**29. 11**	**154. 6**	**28. 52**
2018—2019	TC	H	528. 4bc	85. 6	16. 20ef	270	51. 10a	172. 8g	32. 70h
		M	493. 8d	85. 6	17. 33d	216	43. 74d	192. 2f	38. 92e
		L	453. 2f	85. 6	18. 89b	162	35. 75g	205. 6d	45. 36b
		AVG	**491. 8**	**85. 6**	**17. 47**	**216**	**43. 53**	**190. 2**	**38. 99**
	RC	H	533. 7b	85. 6	16. 04f	270	50. 59a	178. 1g	33. 37h
		M	476. 4e	85. 6	17. 97c	216	45. 34c	174. 8g	36. 69g
		L	445. 7g	85. 6	19. 21a	162	36. 35f	198. 1e	44. 44c
		AVG	**485. 3**	**85. 6**	**17. 74**	**216**	**44. 09**	**183. 7**	**38. 17**
	HLSC	H	571. 2a	85. 6	14. 99g	270	47. 27b	215. 6c	37. 75f
		M	523. 9c	85. 6	16. 34e	216	41. 23e	222. 3b	42. 43d
		L	494. 0d	85. 6	17. 33d	162	32. 8h	246. 4a	49. 88a
		AVG	**529. 7**	**85. 6**	**16. 22**	**216**	**40. 43**	**228. 1**	**43. 35**

（续表）

试验年份	栽培方式	灌溉水平	总耗水量（mm）	降水		灌水		土壤贮水	
				数量（mm）	比例（%）	数量（mm）	比例（%）	数量（mm）	比例（%）
2019—2020	TC	H	495.5c	162.7	32.84c	270	54.50a	62.8e	12.65f
		M	492.6cd	162.7	33.03bc	216	43.85c	113.9c	23.12d
		L	461.9e	162.7	35.23a	162	35.08e	137.2b	29.69b
		AVG	**483.3**	**162.7**	**33.70**	**216**	**44.48**	**104.6**	**21.82**
	RC	H	490.8cd	162.7	33.15bc	270	55.02a	58.1e	11.83f
		M	484.1d	162.7	33.61b	216	44.62c	105.4c	21.76d
		L	461.8e	162.7	35.23a	162	35.08e	137.1b	29.69b
		AVG	**478.9**	**162.7**	**34.00**	**216**	**44.91**	**100.2**	**21.09**
	HLSC	H	526.3a	162.7	30.92e	270	51.30b	93.6d	17.78e
		M	513.4b	162.7	31.70d	216	42.08d	134.7b	26.22c
		L	489.1cd	162.7	33.26bc	162	33.12f	164.4a	33.61a
		AVG	**509.6**	**162.7**	**31.96**	**216**	**42.17**	**130.9**	**25.87**

相同灌溉水平下，不同栽培方式下冬小麦总耗水量表现为 HLSC 方式>TC 方式>RC 方式，3 年试验 HLSC 方式的总耗水量分别为 551.5mm、529.7mm 和 509.6mm，分别比 TC 方式高 14.16%、7.71%和 5.45%，RC 方式的耗水量分别比 TC 方式低 4.78%、1.33%和 0.91%（表 5-3）。类似的，麦田土壤水消耗表现为 HLSC 方式>TC 方式>RC 方式，3 年试验 HLSC 方式的土壤水消耗分别比 TC 方式高 79.88%、19.93%和 25.16%，RC 方式的土壤水消耗分别比 TC 方式低 26.99%、3.43%和 4.21%。可见，由于相同灌溉处理的降水量和灌水量相同，不同栽培方式麦田总耗水量的差异主要体现在土壤贮水量消耗方面。相同栽培方式下，麦田总耗水量随着灌水量的增加而增加，在高水处理最大。随着灌水量减少，降水占比和土壤贮水占比显著增加，而灌水占比显著减小。

四、水分利用效率

结合各处理麦田总耗水量、收获期籽粒产量和生物量，分别计算不同处理的水分利用效率（WUE）和生物量的水分利用效率（WUE_{AB}），如表5-4所示。3年试验栽培方式对冬小麦WUE和WUE_{AB}影响极显著（$P<0.01$），灌溉水平对2017—2018年WUE、2018—2019年WUE和WUE_{AB}的影响显著（$P<0.05$），栽培方式和灌溉水平的交互效应对WUE和WUE_{AB}的影响不显著。3年度WUE的范围分别为1.33~1.50、1.57~1.79和1.61~2.01，WUE_{AB}的范围分别为2.70~3.85、2.94~4.36和3.26~4.35，2017—2018年各处理冬小麦的WUE和WUE_{AB}明显低于2018—2019年和2019—2020年，原因是该季冬小麦遭受的冻害导致其籽粒产量和生物量偏低。

相同灌溉水平下，2017—2018年HLSC方式冬小麦的WUE显著高于TC方式；2018—2019年和2019—2020年，HLSC方式的WUE高于TC方式，但差异不显著。2019—2020年冬小麦RC方式的WUE显著小于TC方式，2017—2018年和2018—2019年RC方式和TC方式差异不显著。WUE_{AB}为收获期地上部生物量与总耗水量的比值，反映单位耗水量生产地上部生物量的能力。与WUE类似，3年试验HLSC方式冬小麦的WUE_{AB}显著高于TC方式和RC方式，RC方式的WUE_{AB}最小。3年试验HLSC方式的WUE_{AB}分别比TC方式高22.03%、22.65%和23.47%，RC方式的WUE_{AB}分别比TC方式低8.64%、14.05%和5.64%。这意味着在单位耗水的情况下，HLSC方式的冬小麦能生产出更多的生物量和籽粒产量，而RC方式生产出的生物量和籽粒产量最少。相同栽培方式下，WUE和WUE_{AB}随着灌水量的增加有减小的趋势，在中水和低水处理达到最大。3年试验TC和RC方式不同灌水处理的WUE和WUE_{AB}的差异没有达到显著水平，HLSC方式在2017—2018年和2018—2019年低水处理的WUE显著高于高水处理。

2017—2018年，WUE和WUE_{AB}分别在HLSCL和HLSCM处理达到最大，最大值分别为1.50kg/m^{3}和3.85kg/m^3。2018—2019年，WUE和

WUE_{AB}分别在 HLSCL 和 HLSCM 处理达到最大，最大值分别为 1.79kg/m³ 和 4.36kg/m³。2019—2020 年，WUE 和 WUE_{AB}分别在 HLSCL 和 HLSCL 处理达到最大，最大值分别为 2.01kg/m³ 和 4.35kg/m³。

表 5-4　不同栽培方式和灌溉水平下冬小麦水分利用效率

栽培方式	灌溉水平	2017—2018 年		2018—2019 年		2019—2020 年	
		水分利用效率（kg/m^3）	生物量水分利用效率（kg/m^3）	水分利用效率（kg/m^3）	生物量水分利用效率（kg/m^3）	水分利用效率（kg/m^3）	生物量水分利用效率（kg/m^3）
TC	H	1.33c	2.99b	1.64bcd	3.26d	1.87abc	3.47bc
	M			1.69abc	3.52c	1.85bcd	3.46bc
	L			1.72ab	3.62c	1.90ab	3.54b
	AVG	**1.33**	**2.99**	**1.68**	**3.47**	**1.87**	**3.49**
RC	H	1.34c	2.73b	1.57d	2.94e	1.73cde	3.29d
	M	1.35c	2.78b	1.58cd	3.03e	1.61e	3.26d
	L	1.35c	2.70b	1.62bcd	2.96e	1.70de	3.33cd
	AVG	**1.35**	**2.74**	**1.59**	**2.98**	**1.68**	**3.29**
HLSC	H	1.42b	3.64a	1.66bcd	4.21b	1.93ab	4.25a
	M	1.46a	3.85a	1.73ab	4.36a	1.92ab	4.34a
	L	1.50a	3.82a	1.79a	4.18b	2.01a	4.35a
	AVG	**1.46**	**3.77**	**1.72**	**4.25**	**1.95**	**4.31**
P 值	C	0.000	0.000	0.000	0.000	0.000	0.000
	I	0.010	NS	0.020	0.001	NS	NS
	C×I	NS	NS	NS	0.004	NS	NS

注：C 代表栽培方式，I 代表灌溉水平，C×I 代表交互作用；NS 代表 $P>0.05$，差异不显著。

第二节　不同栽培方式和灌溉水平下冬小麦氮素吸收利用

一、开花期冬小麦植株全氮含量

由表 5-5 可以看出，3 年试验下栽培方式对开花期冬小麦茎、叶和全株的全氮含量影响均为极显著（$P<0.01$），栽培方式对开花期穗的全氮含量影响不显著。灌溉水平对开花期冬小麦各器官以及全株的全氮含量的影响均不显著（$P>0.05$）。开花期冬小麦各器官的全氮含量表现为叶>穗>茎（表 5-6），2017—2018 年冬小麦茎、叶、穗的全氮含量的平均值分别为 11.35mg/g、32.63mg/g 和 16.82mg/g，2018—2019 年冬小麦茎、叶、穗的全氮含量的平均值分别为 10.56mg/g、28.74mg/g 和 15.79mg/g，2019—2020 年冬小麦茎、叶、穗的全氮含量的平均值分别为 11.04mg/g、31.07mg/g 和 16.34mg/g。3 年试验冬小麦地上部全株的全氮含量分别为 16.68mg/g、15.60mg/g 和 15.79mg/g。

表 5-5　冬小麦开花期和收获期植株全氮含量方差分析

试验年份	因子	开花期				收获期		
		茎	叶	穗	全株	茎叶	穗	全株
2017—2018	C	0.009	0.000	NS	0.000	NS	0.001	0.000
	I	NS	NS	NS	NS	NS	NS	NS
	C×I	NS	NS	NS	NS	NS	NS	NS
2018—2019	C	0.000	0.000	NS	0.000	0.000	0.000	0.000
	I	NS	NS	NS	NS	NS	NS	NS
	C×I	NS	NS	NS	NS	NS	NS	0.003

（续表）

试验年份	因子	开花期				收获期		
		茎	叶	穗	全株	茎叶	穗	全株
2019—2020	C	0.006	0.000	NS	0.000	0.037	0.000	0.004
	I	NS	NS	NS	NS	NS	NS	NS
	C×I	NS	NS	NS	NS	NS	NS	NS

注：C 代表栽培方式，I 代表灌溉水平，C×I 代表交互作用。

表 5-6 不同栽培方式和灌溉水平下冬小麦开花期植株全氮含量

试验年份	栽培方式	灌溉水平	全氮含量（mg/g）			
			茎	叶	穗	全株
2017—2018	TC	H	12.09a	33.97a	17.05a	17.65a
	RC	H	11.58ab	32.77bc	16.81a	16.86b
		M	11.54ab	32.46cd	17.21a	16.74b
		L	11.53ab	33.55ab	17.04a	16.74bc
		AVG	**11.55**	**32.92**	**17.02**	**16.78**
	HLSC	H	10.96b	31.76d	16.54a	16.17c
		M	10.91b	32.02cd	16.52a	16.30bc
		L	10.85b	31.88d	16.61a	16.30bc
		AVG	**10.91**	**31.89**	**16.55**	**16.26**
2018—2019	TC	H	10.34cd	32.90a	15.79a	16.47a
		M	9.89d	32.95a	15.76a	16.61a
		L	9.77d	31.93a	15.28a	15.49b
		AVG	**10.00**	**32.59**	**15.61**	**16.19**

（续表）

试验年份	栽培方式	灌溉水平	全氮含量（mg/g）			
			茎	叶	穗	全株
2018—2019	RC	H	11.57a	29.93b	16.47a	16.49a
		M	11.39ab	28.85c	16.18a	16.40a
		L	11.11abc	28.75c	16.37a	16.13ab
		AVG	**11.36**	**29.18**	**16.34**	**16.34**
	HLSC	H	10.49bcd	24.35de	15.48a	14.47c
		M	10.28cd	23.80e	15.29a	14.07c
		L	10.19cd	25.17d	15.45a	14.29c
		AVG	**10.32**	**24.44**	**15.41**	**14.27**
2019—2020	TC	H	11.30abc	33.56ab	16.50a	16.38ab
		M	10.79abc	33.85a	16.66a	16.07ab
		L	10.67bc	32.83b	16.18a	15.81b
		AVG	**10.92**	**33.41**	**16.45**	**16.08**
	RC	H	11.61a	31.53c	16.70a	16.67a
		M	11.50ab	30.85c	16.44a	16.06ab
		L	11.36abc	31.38c	16.34a	16.07ab
		AVG	**11.49**	**31.25**	**16.49**	**16.26**
	HLSC	H	10.81abc	28.43d	16.09a	15.06c
		M	10.75abc	28.29d	16.00a	15.01c
		L	10.60c	28.90d	16.12a	15.04c
		AVG	**10.72**	**28.54**	**16.07**	**15.04**

相同灌溉方式下，3 年试验开花期 HLSC 方式的茎、叶和全株的全氮含量显著低于 TC 和 RC 方式（2018—2019 年茎的全氮含量例外）。2017—

2018 年，HLSC 方式的茎、叶和全株的全氮含量分别比 TC 方式低 9.42%、6.50%和 8.38%，分别比 RC 方式低 5.57%、3.15%和 3.11%；2018—2019 年，HLSC 方式的叶和全株的全氮含量分别比 TC 方式低 25.01%和 11.83%，分别比 RC 方式低 16.24%和 12.62%；2019—2020 年，HLSC 方式的茎、叶和全株的全氮含量分别比 TC 方式低 1.84%、14.58%和 6.51%，分别比 RC 方式低 6.69%、8.69%和 7.55%。2018—2019 年和 2019—2020 年 TC 方式的茎的全氮含量低于 RC 方式，在 2018—2019 年差异显著。3 年试验 TC 方式的叶片的全氮含量显著高于 RC 方式。2017—2018 年，TC 方式的全株全氮含量显著高于 RC 方式，而 2018—2019 年和 2019—2020 年 TC 和 RC 方式的全株全氮含量没有显著差异。相同栽培方式下，开花期冬小麦各器官和全株的全氮含量受灌溉水平的影响不显著，但各器官全氮含量随着灌水量的增加有增大趋势，在高水处理最大。

表 5-7 给出了 3 年试验高低畦方式开花期各器官以及全株的全氮含量。3 年试验 HLSC-L（高低畦方式的低畦）的小麦各器官的全氮含量显著高于 HLSC-H（高低畦方式的高畦）的全氮含量。其中 2017—2018 年 HLSC-L 冬小麦的茎、叶、穗和全株的全氮含量分别比 HLSC-H 高 29.88%、7.51%、7.81%和 18.36%；2018—2019 年 HLSC-L 冬小麦的茎、叶、穗和全株的全氮含量分别比 HLSC-H 高 27.13%、7.20%、8.30%和 15.71%；2019—2020 年 HLSC-L 冬小麦的茎、叶、穗和全株的全氮含量分别比 HLSC-H 高 28.63%、7.39%、8.03%和 18.05%。其原因是 HLSC 方式拔节期追肥撒施于低畦，低畦土壤的氮素含量显著高于高畦，使得低畦小麦植株的氮素吸收和积累高于高畦小麦。

表 5-7　高低畦方式冬小麦开花期植株全氮含量

试验年份	栽培方式	灌溉水平	全氮含量（mg/g）			
			茎	叶	穗	全株
2017—2018	HLSC-H	H	9.17b	30.60b	15.69b	14.51b
		M	9.20b	30.34b	15.84b	14.47b
		L	9.03b	30.12b	15.72b	14.58b
		AVG	**9.13**	**30.35**	**15.75**	**14.52**

（续表）

试验年份	栽培方式	灌溉水平	全氮含量（mg/g）			
			茎	叶	穗	全株
2017—2018	HLSC-L	H	11.90a	32.32a	16.98a	17.04a
		M	11.89a	32.83a	16.88a	17.31a
		L	11.80a	32.75a	17.06a	17.19a
		AVG	**11.86**	**32.63**	**16.98**	**17.18**
2018—2019	HLSC-H	H	9.29b	23.54bcd	14.63bc	13.53b
		M	8.65bc	22.84d	14.92abc	12.68c
		L	8.02c	23.32d	14.10c	12.31c
		AVG	**8.65**	**23.23**	**14.55**	**12.84**
	HLSC-L	H	11.01a	24.72ab	15.88a	14.88a
		M	11.00a	24.17bc	15.45ab	14.67a
		L	10.99a	25.83a	15.93a	15.01a
		AVG	**11.00**	**24.91**	**15.76**	**14.85**
2019—2020	HLSC-H	H	9.25b	27.37b	15.23b	13.52b
		M	8.97b	26.90b	15.45b	13.53b
		L	8.58b	27.01b	15.00b	12.99b
		AVG	**8.93**	**27.09**	**15.23**	**13.35**
	HLSC-L	H	11.51a	28.84a	16.51a	15.75a
		M	11.51a	28.85a	16.26a	15.64a
		L	11.45a	29.59a	16.58a	15.88a
		AVG	**11.49**	**29.09**	**16.45**	**15.75**

注：HLSC-H 代表高低畦方式的高畦，HLSC-L 代表高低畦方式的低畦。

二、收获期冬小麦植株全氮含量

如表 5-8 所示，栽培方式对收获期冬小麦茎叶、穗和全株的全氮含量的影响均达到极显著水平（$P<0.01$，2017—2018 年栽培方式对茎叶的全氮含量影响不显著），灌溉水平以及灌溉水平与栽培方式的交互对收获期冬小麦茎叶、穗和全株的全氮含量影响不显著（$P>0.05$）。表 5-8 为冬小麦收获期各器官和全株的全氮含量。相比开花期，收获期冬小麦茎叶含氮量大幅降低，这是冬小麦开花后营养器官向生殖器官转化的结果。收获期冬小麦穗的含氮量显著高于茎叶含氮量，3 年试验茎叶的含氮量分别为 3.23mg/g、2.94mg/g 和 3.91mg/g，穗的含氮量分别为 13.50mg/g、13.15mg/g 和 17.87mg/g，全株的含氮量分别为 9.70mg/g、9.41mg/g 和 11.93mg/g。

对于不同栽培方式，收获期 HLSC 方式的茎叶、穗和全株的全氮含量明显低于 TC 方式，其中 HLSC 和 TC 方式穗和全株的全氮含量的差异达到显著水平（表 5-8）。2017—2018 年 HLSC 方式的茎叶、穗和全株的全氮含量分别比 TC 方式小 9.96%、10.89%和 11.70%；2018—2019 年 HLSC 方式的茎叶、穗和全株的全氮含量分别比 TC 方式小 36.94%、12.05%和 10.36%；2019—2020 年 HLSC 方式的茎叶、穗和全株的全氮含量分别比 TC 方式小 7.95%、6.59%和 4.82%。灌溉水平对收获期冬小麦各器官的全氮含量影响不显著，但各器官全氮含量随着灌水量的减小有减小的趋势。

与开花期类似，3 年试验收获期 HLSC-L（高低畦方式低畦）的小麦各器官的全氮含量显著高于 HLSC-H 小麦（表 5-9）。其中 2017—2018 年 HLSC-L 冬小麦的茎叶、穗和全株的全氮含量分别比 HLSC-H 高 57.14%、27.46%和 30.93%；2018—2019 年 HLSC-L 冬小麦的茎叶、穗和全株的全氮含量分别比 HLSC-H 高 31.92%、36.77%和 37.08%；2019—2020 年 HLSC-L 冬小麦的茎叶、穗和全株的全氮含量分别比 HLSC-H 高 40.07%、6.97%和 8.88%。

表 5-8　不同栽培方式和灌溉水平下冬小麦收获期植株全氮含量

试验年份	栽培方式	灌溉水平	全氮含量（mg/g）		
			茎叶	穗	全株
2017—2018	TC	H	3. 64a	14. 18a	10. 23a
	RC	H	3. 35ab	14. 03a	10. 10a
		M	3. 48a	14. 01a	10. 15a
		L	2. 76b	13. 90ab	10. 11a
		AVG	**3. 20**	**13. 98**	**10. 12**
	HLSC	H	3. 28ab	12. 63c	9. 03b
		M	3. 07ab	12. 87bc	9. 04b
		L	3. 05ab	12. 90bc	9. 26b
		AVG	**3. 13**	**12. 80**	**9. 11**
2018—2019	TC	H	3. 98a	14. 90a	10. 45a
		M	3. 77a	14. 64a	10. 30ab
		L	3. 96a	13. 62b	9. 95b
		AVG	**3. 90**	**14. 38**	**10. 23**
	RC	H	2. 59b	12. 25de	8. 74de
		M	2. 45b	12. 16e	8. 59e
		L	2. 30b	12. 87cd	9. 18cd
		AVG	**2. 45**	**12. 43**	**8. 83**
	HLSC	H	2. 52b	11. 94e	8. 77de
		M	2. 50b	12. 90cd	9. 44c
		L	2. 37b	13. 11bc	9. 30c
		AVG	**2. 46**	**12. 65**	**9. 17**

（续表）

试验年份	栽培方式	灌溉水平	全氮含量（mg/g）		
			茎叶	穗	全株
2019—2020	TC	H	4.26a	18.19abc	11.97ab
		M	3.56abc	18.51ab	12.07ab
		L	3.79abc	18.82a	12.53a
		AVG	**3.87**	**18.51**	**12.19**
	RC	H	4.10abc	17.96bcd	12.15ab
		M	3.46c	17.83bcd	12.02ab
		L	3.52bc	17.67cde	11.78b
		AVG	**3.69**	**17.82**	**11.98**
	HLSC	H	4.16abc	17.45cde	11.57b
		M	4.16abc	17.29de	11.61b
		L	4.21ab	17.12e	11.63b
		AVG	**4.18**	**17.29**	**11.60**

表 5-9　高低畦作冬小麦收获期植株全氮含量

试验年份	栽培方式	灌溉水平	全氮含量（mg/g）		
			茎叶	穗	全株
2017—2018	HLSC-H	H	2.31b	10.85b	7.72b
		M	2.23b	10.86b	7.45b
		L	2.23b	10.60b	7.35b
		AVG	**2.26**	**10.77**	**7.51**

（续表）

试验年份	栽培方式	灌溉水平	全氮含量（mg/g）		
			茎叶	穗	全株
2017—2018	HLSC-L	H	3. 74a	13. 60a	9. 70a
		M	3. 45a	13. 75a	9. 74a
		L	3. 44a	13. 85a	10. 06a
		AVG	**3. 54**	**13. 73**	**9. 83**
2018—2019	HLSC-H	H	2. 00b	9. 85c	7. 21c
		M	2. 08b	10. 11c	7. 38c
		L	1. 94b	10. 02c	7. 13c
		AVG	**2. 00**	**10. 00**	**7. 24**
	HLSC-L	H	2. 75a	12. 85b	9. 45b
		M	2. 66a	13. 95a	10. 23a
		L	2. 53a	14. 22a	10. 09a
		AVG	**2. 64**	**13. 67**	**9. 92**
2019—2020	HLSC-H	H	3. 43b	16. 61b	10. 92b
		M	3. 37b	16. 52b	11. 14b
		L	3. 02b	16. 39b	10. 76b
		AVG	**3. 27**	**16. 51**	**10. 94**
	HLSC-L	H	4. 47a	17. 82a	11. 84a
		M	4. 48a	17. 66a	11. 82a
		L	4. 80a	17. 49a	12. 07a
		AVG	**4. 58**	**17. 66**	**11. 91**

注：HLSC-H 代表高低畦方式的高畦，HLSC-L 代表高低畦方式的低畦。

三、开花期冬小麦植株氮素积累量

表 5-10 为 2017—2020 年冬小麦开花期各器官的氮素积累量。3 年试验下栽培方式对开花期冬小麦茎、叶、穗和全株的氮素积累量影响均为极显著（$P<0.01$）。2017—2018 年灌溉水平对冬小麦茎、叶和穗的影响不显著（全株氮素积累量影响显著）；2018—2019 年和 2019—2020 年灌溉水平对冬小麦茎、叶、穗和全株的影响极显著（$P<0.01$）。

表 5-10　不同栽培方式和灌溉水平下冬小麦开花期植株氮素积累量

试验年份	栽培方式	灌溉水平	氮素积累量（kg/hm^2）			
			茎	叶	穗	全株
2017—2018	TC	H	56. 64b	56. 30b	27. 98b	140. 93b
	RC	H	52. 75bc	49. 62c	28. 10b	130. 47c
		M	51. 83c	46. 60c	28. 56b	127. 00c
		L	51. 96c	45. 98c	27. 09b	125. 03c
		AVG	**52. 18**	**47. 40**	**27. 92**	**127. 50**
	HLSC	H	70. 98a	67. 20a	36. 95a	175. 13a
		M	68. 21a	67. 62a	37. 65a	173. 48a
		L	66. 74a	67. 11a	36. 38a	170. 23a
		AVG	**68. 64**	**67. 31**	**36. 99**	**172. 95**
	P 值	C	0. 000	0. 000	0. 000	0. 000
		I	NS	NS	NS	0. 041
		C×I	NS	NS	NS	NS
2018—2019	TC	H	62. 61c	77. 33a	35. 51b	175. 45a
		M	52. 01de	74. 57b	30. 13c	156. 71c
		L	52. 97de	60. 93de	28. 70cd	142. 59d
		AVG	**55. 86**	**70. 94**	**31. 45**	**158. 25**

（续表）

试验年份	栽培方式	灌溉水平	氮素积累量（kg/hm²）			
			茎	叶	穗	全株
2018—2019	RC	H	68.72b	65.00c	34.41b	168.13b
		M	56.34d	58.48f	34.43b	149.25d
		L	49.85e	50.42h	27.38d	127.65e
		AVG	**58.30**	**57.97**	**32.07**	**148.34**
	HLSC	H	74.58a	63.06cd	39.83a	177.47a
		M	76.13a	60.54ef	41.59a	178.25a
		L	67.86b	56.21g	40.22a	164.29b
		AVG	**72.85**	**59.94**	**40.55**	**173.34**
	P 值	C	0.000	0.000	0.000	0.000
		I	0.000	0.000	0.000	0.000
		C×I	0.001	0.000	0.000	0.000
2019—2020	TC	H	71.51c	62.07d	40.59b	174.17c
		M	63.00d	56.07e	37.90c	156.98d
		L	58.45de	52.54f	38.18c	149.17e
		AVG	**64.32**	**56.90**	**38.89**	**160.11**
	RC	H	57.27e	52.83f	36.83c	146.93ef
		M	57.10e	45.36g	38.74bc	141.21fg
		L	55.13e	45.48g	37.54c	138.14g
		AVG	**56.50**	**47.89**	**37.70**	**142.09**
	HLSC	H	97.81a	74.33a	54.15a	226.29a
		M	91.90b	70.23c	54.27a	216.40b
		L	91.13b	72.36b	52.47a	215.96b
		AVG	**93.61**	**72.31**	**53.63**	**219.55**
	P 值	C	0.000	0.000	0.000	0.000
		I	0.000	0.000	NS	0.000
		C×I	0.036	0.000	0.031	0.007

开花期氮素在茎和叶中积累最多，在穗部的积累量最小（表5-10）。2017—2018年茎、叶和穗的氮素积累量平均值分别为59.16kg/hm^2、57.00kg/hm^{2}和30.96kg/hm^2；2018—2019年茎、叶和穗的氮素积累量平均值分别为62.34kg/hm^2、62.95kg/hm^{2}和34.69kg/hm^2；2019—2020年茎、叶和穗的氮素积累量平均值分别为71.48kg/hm^2、59.03kg/hm^{2}和43.41kg/hm^2。HLSC方式的茎、叶和穗的氮素积累量显著高于TC和RC方式（2018—2019年叶的氮素积累量例外）。3年试验冬小麦全株的氮素积累量平均值分别为147.12kg/hm^2、159.98kg/hm^{2}和173.92kg/hm^2。全株的氮素积累量在HLSC方式最大，其次是TC方式，RC方式下最小。其中2017—2018年HLSC方式的全株氮素积累量较TC和RC增加了24.27%和35.65%；2018—2019年HLSC方式较TC和RC增加了9.53%和16.85%；2019—2020年HLSC方式较TC和RC增加了37.13%和54.51%。

四、收获期冬小麦植株氮素积累量

表5-11为2017—2020年收获期冬小麦植株茎叶和穗的氮素积累量。可以看出，收获期冬小麦茎叶的氮素积累量较开花期大幅下降，而穗的氮素积累量大幅提升。一方面是因为冬小麦营养器官的同化物向生殖器官转化，茎叶的干物质量减小，穗的干物质量增加。另一方面是营养器官的氮素向生殖器官转移，茎叶的全氮含量减小，穗的全氮含量增加。收获期冬小麦穗的氮素积累量远远高于茎叶的氮素积累量，3年试验茎叶的氮素积累量分别为20.12kg/hm^2、19.33kg/hm^{2}和30.66kg/hm^2，穗的氮素积累量分别为137.97kg/hm^2、149.96kg/hm^{2}和185.49kg/hm^2，3年试验穗的氮素积累量分别是茎叶的6.86倍、7.76倍和6.05倍。可见，收获期植株氮素主要集中在植株的穗部。

表 5-11 不同栽培方式和灌溉水平下冬小麦收获期植株氮素积累量

试验年份	栽培方式	灌溉水平	氮素积累量（kg/hm^2）		
			茎叶	穗	全株
2017—2018	TC	H	20. 51bc	133. 38b	153. 89b
	RC	H	16. 09cd	116. 13b	132. 23c
		M	16. 85c	117. 27b	134. 12c
		L	11. 76d	114. 95b	126. 71c
		AVG	**14. 90**	**116. 12**	**131. 02**
	HLSC	H	26. 50a	163. 07a	189. 57a
		M	25. 43a	166. 46a	191. 89a
		L	22. 94ab	163. 70a	186. 64a
		AVG	**24. 95**	**164. 41**	**189. 37**
	P 值	C	0. 000	0. 000	0. 000
		I	0. 035	NS	NS
		C×I	NS	NS	NS
2018—2019	TC	H	27. 97a	152. 01c	179. 98c
		M	26. 11ab	153. 04c	179. 15c
		L	24. 70b	138. 39d	163. 09d
		AVG	**26. 26**	**147. 81**	**174. 07**
	RC	H	14. 79e	122. 50e	137. 28e
		M	13. 07e	110. 94f	124. 01f
		L	10. 60f	110. 57f	121. 17f
		AVG	**12. 82**	**114. 67**	**127. 48**
	HLSC	H	20. 44c	190. 66a	211. 10a
		M	18. 94cd	196. 54a	215. 47a
		L	17. 33d	174. 99b	192. 32b
		AVG	**18. 90**	**187. 40**	**206. 30**
	P 值	C	0. 000	0. 000	0. 000
		I	0. 000	0. 000	0. 000
		C×I	NS	0. 005	0. 013

（续表）

试验年份	栽培方式	灌溉水平	氮素积累量（kg/hm²）		
			茎叶	穗	全株
2019—2020	TC	H	32.68b	173.15cd	205.84c
		M	26.15cd	179.85c	206.00c
		L	25.89cd	178.68c	204.57c
		AVG	**28.24**	**177.23**	**205.47**
	RC	H	27.72c	168.54d	196.26cd
		M	22.07d	167.68d	189.75de
		L	22.53d	158.48e	181.01e
		AVG	**24.10**	**164.90**	**189.01**
	HLSC	H	41.20a	217.36a	258.57a
		M	39.66a	216.36ab	256.02ab
		L	38.01a	209.26b	247.27b
		AVG	**39.62**	**214.33**	**253.95**
	P 值	C	0.000	0.000	0.000
		I	0.003	0.032	0.010
		C×I	NS	NS	NS

注：C 代表栽培方式，I 代表灌溉水平，C×I 代表交互作用；NS 代表 $P>0.05$，差异不显著。

方差分析表明，3 年试验下栽培方式对收获期冬小麦茎叶、穗和全株的氮素积累量影响极显著（$P<0.01$）。HLSC 方式的茎叶、穗和全株的氮素积累量显著高于 TC 和 RC 方式（2018—2019 年的茎叶积累量在 TC 方式最大），RC 方式的氮素积累量最小。2017—2018 年 HLSC 方式的全株的氮素积累量分别比 TC 和 RC 方式增加了 22.26%和 41.59%；2018—2019 年分别比 TC 和 RC 方式增加了 26.78%和 63.43%；2019—2020 年分别比 TC 和 RC 方式增加了 20.93%和 29.97%。可见，HLSC 方式能有效提

高氮素的积累量。由于收获期 TC、RC 和 HLSC-L 之间的植株全氮含量没有显著差异，且 HLSC-H 的全氮含量显著低于 TC、RC 和 HLSC-L，因此 HLSC 方式较高的氮素积累量主要受益于该栽培方式较高的地上部生物量。2018—2019 年和 2019—2020 年灌溉水平对茎叶、穗和全株的氮素积累量均达到显著水平，2017—2018 仅对茎叶的氮素积累量影响显著。茎叶、穗和全株的氮素积累量随着灌水量的增加呈现增大趋势，在高水或中水处理达到最大。2017—2018 年 TC、RC 和 HLSC 方式的全株氮素积累量分别在 TCH、RCM 和 HLSCM 处理达到最大，分别为 153.89kg/hm^2、134.12kg/hm^{2}和 191.89kg/hm^2；2018—2019 年 3 种方式分别在 TCH、RCH 和 HLSCM 达到最大，分别为 179.98kg/hm^2、137.28kg/hm^2 和 215.47kg/hm^2；2019—2020 年 3 种方式分别在 TCM、RCH 和 HLSCH 达到最大，分别为 206.00kg/hm^2、196.26kg/hm^{2}和 258.57kg/hm^2。

五、氮肥利用效率

3 年试验下冬小麦的氮肥利用效率（NUE）、氮肥生理利用效率（NPE）和氮肥偏生产力（NPFP）受到栽培方式的影响达到极显著水平（$P<0.01$，表 5-12）。灌溉水平对 NPFP 影响显著。3 年试验结果表明，HLSC 方式的 NUE 和 NPFP 显著高于 TC 方式，而 RC 方式的 NUE 和 NPFP 明显低于 TC 方式。2017—2018 年，HLSC 方式的 NUE 和 NPFP 较 TC 方式分别提高了 55.71%和 22.63%，RC 方式的 NUE 和 NPFP 较 TC 分别降低了 33.82%和 3.72%；2018—2019 年，HLSC 方式的 NUE 和 NPFP 较 TC 方式分别提高了 41.50%和 10.30%，RC 方式的 NUE 和 NPFP 较 TC 分别降低了 60.00%和 6.74%；2019—2020 年，HLSC 方式的 NUE 和 NPFP 较 TC 方式分别提高了 61.24%和 9.96%，RC 方式的 NUE 和 NPFP 较 TC 分别降低了 20.80%和 9.91%。这意味着 HLSC 方式对施入氮肥的回收效率高，并且单位投入的氮肥生产的籽粒产量高。2017—2018 年和 2018—2019 年 RC 方式的 NPE 显著高于 TC 和 HLSC 方式，2019—2020 年冬小麦的 NPE 在 TC 方式达到最大，3 年试验冬小麦的 NPE 在 HLSC 方式最小。相同栽培方式下，随着灌水量增加，NUE、NPE 和 NPFP 均有增加的趋势。

表 5-12　不同栽培方式和灌溉水平下冬小麦氮肥利用效率

试验年份	栽培方式	灌溉水平	氮肥利用效率（kg/kg）	氮肥生理利用效率（kg/kg）	氮肥偏生产力（kg/kg）
2017—2018	TC	H	26. 69b	43. 48bc	27. 86c
	RC	H	17. 66c	48. 79ab	26. 82d
		M	18. 45c	47. 86abc	26. 66d
		L	15. 36c	49. 72a	26. 16d
		AVG	**17. 16**	**48. 79**	**26. 55**
	HLSC	H	41. 55a	43. 28bc	34. 16a
		M	42. 52a	42. 26c	33. 58ab
		L	40. 33a	42. 53c	32. 95b
		AVG	**41. 47**	**42. 69**	**33. 56**
	P 值	C	0. 000	0. 002	0. 000
		I	NS	NS	0. 012
		C×I	NS	NS	NS
2018—2019	TC	H	34. 82c	48. 12b	36. 07bc
		M	34. 47c	46. 53b	34. 72c
		L	27. 78d	47. 93b	32. 56d
		AVG	**32. 36**	**47. 53**	**34. 45**
	RC	H	17. 03e	60. 94a	34. 84c
		M	11. 49f	60. 81a	31. 43de
		L	10. 31f	59. 67a	30. 11e
		AVG	**12. 94**	**60. 48**	**32. 13**
	HLSC	H	47. 78a	44. 93bc	39. 50a
		M	49. 61a	42. 01c	37. 70ab
		L	39. 96b	45. 96b	36. 79bc
		AVG	**45. 78**	**44. 30**	**38. 00**
	P 值	C	0. 000	0. 000	0. 000
		I	0. 000	NS	0. 000
		C×I	0. 013	NS	NS

（续表）

试验年份	栽培方式	灌溉水平	氮肥利用效率（kg/kg）	氮肥生理利用效率（kg/kg）	氮肥偏生产力（kg/kg）
2019—2020	TC	H	33. 14c	45. 11a	38. 68bcd
		M	33. 21c	44. 14a	37. 88cd
		L	32. 61c	42. 80abc	36. 48d
		AVG	**32. 99**	**44. 02**	**37. 68**
	RC	H	29. 15cd	43. 78a	35. 78de
		M	26. 44de	42. 11bcd	33. 28e
		L	22. 80e	43. 55ab	32. 78e
		AVG	**26. 13**	**43. 14**	**33. 95**
	HLSC	H	55. 11a	39. 31cd	42. 28a
		M	54. 05ab	38. 48d	41. 07ab
		L	50. 40b	39. 73bcd	40. 95abc
		AVG	**53. 19**	**39. 17**	**41. 43**
	P 值	C	0. 000	0. 000	0. 000
		I	0. 010	NS	0. 041
		C×I	NS	NS	NS

注：C 代表栽培方式，I 代表灌溉水平，C×I 代表交互作用；NS 代表 $P>0.05$，差异不显著。

2017—2018 年，NUE、NPE 和 NPFP 分别在 HLSCM、RCL 和 HLSCH 处理达到最大，最大值分别为 42. 52kg/kg、49. 72kg/kg 和 34. 16kg/kg；2018—2019 年，NUE、NPE 和 NPFP 分别在 HLSCM、RCH 和 HLSCH 处理达到最大，最大值分别为 49. 61kg/kg、60. 94kg/kg 和 39. 50kg/kg；2019—2020 年，NUE、NPE 和 NPFP 分别在 HLSCH、TCH 和 HLSCH 处理达到最大，最大值分别为 55. 11kg/kg、45. 11kg/kg 和 42. 28kg/kg。

第三节　讨　论

在华北平原，年降水量 480～500mm，其中大约 30%的年降水发生在冬小麦生育期（从10月到翌年6月），仅能提供小麦总耗水量的25%～40%（Li et al.，2005）。因此，冬小麦生育期间一般进行补充灌溉。由于灌水次数较多，或灌水量较大，难以诱发冬小麦根系充分利用土壤贮水，特别是深层的土壤贮水量（李全起，2006）。而夏季降雨较多，主要集中在6—9月，约占全年的70%，过多的降雨一般以地面径流或深层渗漏的形式浪费掉。本研究中，收获期HLSC方式在0～150cm土层的土壤贮水量显著低于TC和RC方式。进一步分析不同深度土层的土壤贮水量发现，收获期HLSC方式与其他两种方式的土壤贮水量的差异主要体现在中层和深层土壤上。例如2017—2018年40～100cm土层的土壤贮水量显著低于TC和RC方式，2018—2019年和2019—2020年100～150cm土层的土壤贮水量显著低于TC和RC方式。这说明HLSC方式诱发冬小麦更多地利用土壤贮水，特别是深层土壤贮水，为夏季的降雨腾空贮水空间，接纳更多的降雨，从而减少地表径流和深层渗漏，提高降雨利用效率，同时有助于减少夏季作物由于降雨过多过大造成的涝害和渍害（Xu et al.，2016；李全起，2006）。

本研究中，HLSC方式的生育期总耗水量显著高于TC和RC方式，这主要归因于HLSC方式较高的群体密度，较大的LAI和生物量，其植株的蒸腾量大大高于TC和RC方式。但是，HLSC方式的WUE和WUE_{AB}显著高于TC方式，3年试验HLSC方式的WUE_{AB}分别比TC方式提高22.03%、22.65%和23.47%，WUE分别比TC方式提高7.21%、2.46%和4.31%。说明HLSC方式虽然消耗了更多的水分，但单位耗水所产生的籽粒产量和地上部生物量较高。原因有以下几点：其一，HLSC方式高畦和低畦均有植株覆盖，其裸露的土壤面积小，减少了土壤的无效蒸发；其二，本研究发现，HLSC方式高畦表层土壤长期处于较低的含水量，一定程度减少了土壤的无效蒸发；其三，HLSC方式高畦和低畦错落分布，增加了光截获面，光能利用率高；其四，HLSC方式冠层呈波浪状，有助于通风和改善田间小气候，增加光合速率。RC方式的WUE和WUE_{AB}低于TC方式，主要原因是本试验采用的垄作方式沟间距太大，裸露的沟面较大，加上沟中土壤水分含量高，使得该方式土壤蒸发量较大，增加了土壤的无效蒸发。

收获期HLSC方式的各器官以及全株氮素积累量显著高于TC和RC方

式，3 年试验全株的氮素累积量分别比 TC 和 RC 高 22.26%和 41.59%，26.78%和 63.43%，20.93%和 29.97%。但是，HLSC 方式的茎叶、穗和全株的全氮含量明显低于 TC 方式，3 年试验全株的全氮含量分别比 TC 方式低 11.70%、10.36 和 4.82%。说明 HLSC 方式氮素吸收量高的主要原因是该方式的地上部干物质的积累量显著高于其他两种方式。由于 HLSC 方式较高的氮素吸收量和籽粒产量，HLSC 方式的 NUE 和 NPFP 显著高于 TC 和 RC 方式，3 年试验 HLSC 方式的 NUE 分别比 TC 提高 55.71%、41.50%和 61.24%，NPFP 分别比 TC 提高 22.63%、10.30%和 9.96%。

第六章　不同栽培方式下各类水源 δD 和 $\delta^{18}O$ 分布特征

农田中各潜在水源（降水、灌溉水、土壤水和植物水等）的 δD 和 $\delta^{18}O$ 分布特征是基于稳定氢氧同位素技术进行植物水分来源追溯的基础（杨斌，2016）。其中，各潜在水源之间发生不同程度的“分馏”和根系吸水过程中的“不分馏”这两个理论基础，使利用稳定同位素技术定量确定作物水分来源成为可能（Yang et al.，2015；Penna et al.，2018）。受蒸发分馏和灌溉或者降雨稀释的交互影响，土壤水 δD 和 $\delta^{18}O$ 同位素由表层至深层呈现梯状指数分布，即随着土层深度的增加，δD 和 $\delta^{18}O$ 值逐渐贫化（Sprenger et al.，2019）；而作物茎秆水的 δD 和 $\delta^{18}O$ 同位素值一般介于各层土壤水的同位素值范围内（Stock et al.，2018；Beyer et al.，2018）。

本章基于 δD 和 $\delta^{18}O$ 同位素技术，对农田降水、土壤水、冬小麦茎秆水的 δD 和 $\delta^{18}O$ 同位素的组成分析，拟合研究区域大气降水量线（Local meteoric water line，LMWL）和土壤水线（Soil water line，SWL），分析土壤水、植物水 δD 和 $\delta^{18}O$ 同位素动态分布特征，为定量分析冬小麦根系吸水来源提供科学依据。

第一节　降雨水体的氢氧同位素关系

图 6-1 展示了试验区 2017 年 10 月至 2018 年 6 月和 2018 年 10 月至 2019 年 6 月两个冬小麦生育期中降水 δD 和 $\delta^{18}O$ 的相关关系，δD-$\delta^{18}O$ 关

系曲线称为大气降水量线。2017—2019 年的 LMWL 分别为 $\delta D=7.11\times\delta^{18}O+8.24$（$R^2=0.89$，2017—2018 年），$\delta D=6.74\times\delta^{18}O+5.69$（$R^2=0.87$，2018—2019 年）。

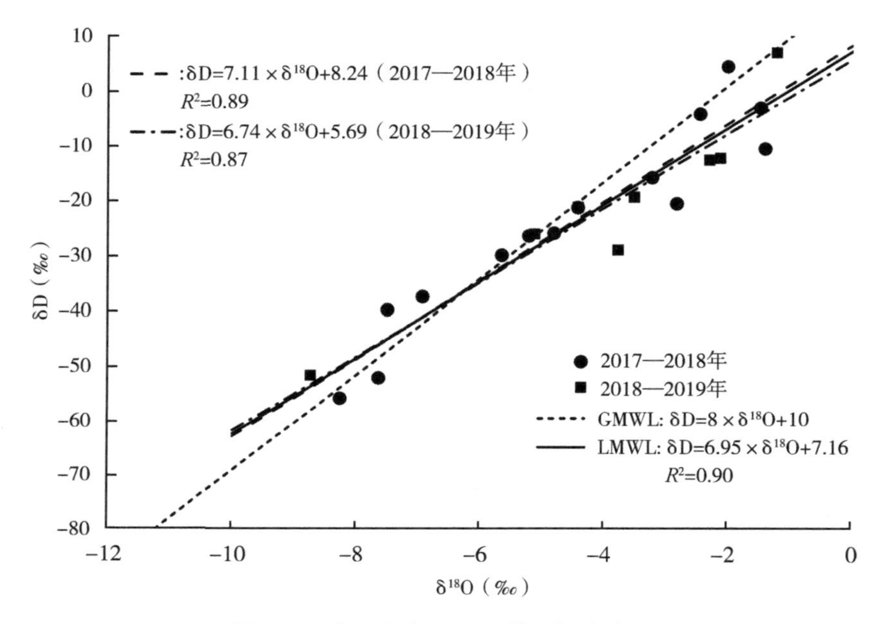

图 6-1　农田降水 δD 和 $\delta^{18}O$ 相关关系

第二节　土壤水体的氢氧同位素特征

一、氢氧同位素的剖面分布特征

表 6-1 和表 6-2 显示了 2017—2019 年试验区冬小麦不同栽培方式下麦田土壤不同深度水分 δD 和 $\delta^{18}O$ 同位素分布特征，剖面上土壤水同位素呈现出明显梯度分布，这主要是因为土壤水体的 δD 和 $\delta^{18}O$ 同位素受外界

条件（蒸发、入渗等）的同位素富集影响由浅层到深层逐渐减弱。一方面是土壤蒸发导致土壤水同位素发生分馏，轻同位素如^{16}O 和^{1}H 率先从土壤中散发，重同位素如^{18}O 和 D 富集；另外一方面是降雨或灌溉在垂向入渗过程亦存在同位素分馏（宋浩，2019）。以 TC 栽培方式为例，表层土壤水 δ^{18}O 和 δD 富集尤其明显，2017—2018 年和 2018—2019 年麦田 0~5cm 土层 δD 同位素最大值分别为-8.40‰和-20.14‰，平均值分别为-23.76‰和-35.06‰，对应的 δ^{18}O 同位素最大值分别为 0.21‰和 0.61‰，平均值分别为-2.96‰和-2.72‰；120-150cm 土层 δD 同位素最大值分别为-59.30‰和-54.74‰，平均值分别为-64.16‰和-60.87‰，对应的 δ^{18}O 同位素最大值分别为-7.19‰和-7.34‰，平均值分别为-8.14‰和-8.26‰。

此外，表层土壤水 δ^{18}O 和 δD 同位素均方差值较大。以 RC 栽培方式为例，2017—2018 年和 2018—2019 年麦田 0~20cm 土层 δD 同位素均方差分别在 8.53‰~11.51‰和 5.57‰~10.62‰范围，对应的 δ^{18}O 同位素均方差分别在 1.10‰~2.50‰和 0.71%~2.01‰；同样地，100~150cm 土层 δD 同位素均方差分别在 2.34‰~3.75‰和 2.52‰~2.55‰范围，对应的 δ^{18}O 同位素均方差分别为 0.57‰~0.73‰和 0.49‰~0.70‰。这说明了不同时期表层土壤水同位素（δD 和 δ^{18}O）变化较大，深层土壤水变化较小，可能是由于表层土壤水受到太阳辐射使得蒸发分馏强度增大，从而分馏也大。因此均方差的大小在很大程度也可以反映各土层土壤水同位素的分馏程度。

表 6-1　2017—2018 年麦田土壤水 δD 和 δ^{18}O 平均值

种植方式	土层（cm）	δ^{18}O（‰）				δD（‰）			
		最大值	最小值	平均值	标准差	最大值	最小值	平均值	标准差
TC	5	0.21	-6.02	-2.96	2.18	-8.40	-49.96	-23.76	14.05
	10	-1.83	-7.97	-4.06	1.97	-11.93	-64.29	-31.87	19.40
	20	-3.35	-7.93	-5.10	1.50	-25.41	-60.51	-41.63	13.90
	30	-4.72	-8.58	-6.37	1.41	-33.43	-65.13	-50.41	10.75

（续表）

种植方式	土层（cm）	δ¹⁸O（‰）				δD（‰）			
		最大值	最小值	平均值	标准差	最大值	最小值	平均值	标准差
	40	-5.43	-8.75	-6.88	1.04	-42.12	-65.16	-54.65	7.39
	60	-5.67	-9.14	-7.48	0.94	-43.09	-63.92	-56.85	5.93
	80	-7.01	-9.14	-7.86	0.58	-56.62	-61.25	-59.03	1.52
	100	-6.88	-9.20	-7.73	0.85	-56.36	-62.54	-59.12	2.38
	150	-7.19	-8.81	-8.14	0.67	-59.30	-68.84	-64.16	5.36
RC	5	1.74	-5.32	-2.18	2.50	-12.37	-40.40	-22.25	8.53
	10	-1.44	-5.76	-3.79	1.44	-15.03	-50.46	-30.22	12.81
	20	-3.15	-6.66	-4.41	1.10	-24.96	-53.43	-35.87	11.91
	30	-2.56	-6.29	-4.32	1.17	-23.23	-53.33	-37.23	11.27
	40	-4.23	-8.31	-5.71	1.27	-29.68	-62.85	-46.32	10.87
	60	-5.80	-8.53	-6.68	0.76	-45.50	-63.44	-54.51	5.16
	80	-6.60	-8.74	-7.22	0.63	-54.36	-61.94	-57.51	2.39
	100	-6.79	-8.52	-7.28	0.57	-53.63	-64.67	-57.99	3.34
	150	-6.54	-9.2	-8.11	0.73	-54.08	-66.95	-62.70	3.75
HLSC-H	5	0.15	-7.11	-2.56	2.42	-9.73	-56.98	-23.25	13.33
	10	-1.36	-6.07	-3.55	1.32	-14.25	-54.02	-29.43	12.83
	20	-2.82	-7.69	-4.81	1.51	-22.80	-62.57	-38.66	14.13
	30	-4.25	-8.20	-6.22	1.31	-28.50	-63.87	-48.67	12.00
	40	-4.03	-9.14	-7.37	1.66	-27.72	-68.12	-55.61	13.18
	60	-5.85	-9.68	-8.15	1.12	-45.33	-68.53	-60.88	7.20
	80	-7.97	-9.55	-8.82	0.56	-57.90	-69.20	-64.60	3.50
	100	-8.03	-9.91	-9.03	0.59	-55.09	-69.89	-64.11	4.11
	150	-8.77	-10.67	-9.63	0.56	-62.35	-75.52	-69.13	3.78

（续表）

种植方式	土层（cm）	$\delta^{18}O$（‰）				δD（‰）			
		最大值	最小值	平均值	标准差	最大值	最小值	平均值	标准差
HLSC-L	5	-0.07	-7.55	-3.40	2.32	-9.15	-54.26	-25.57	15.53
	10	-2.70	-7.63	-4.78	1.72	-16.50	-56.07	-34.01	18.24
	15	-3.90	-7.67	-5.49	1.49	-26.23	-64.65	-41.73	15.41
	30	-4.24	-8.69	-6.74	1.31	-26.96	-64.93	-50.55	12.31
	45	-5.34	-8.98	-7.59	1.07	-34.98	-66.38	-57.08	10.18
	60	-6.19	-9.39	-8.24	0.99	-45.82	-69.26	-62.06	6.57
	80	-7.42	-9.40	-8.49	0.66	-59.22	-67.17	-64.03	2.57
	100	-7.84	-9.49	-8.68	0.64	-60.25	-67.03	-64.38	2.27
	150	-8.84	-10.06	-9.52	0.42	-65.89	-73.29	-68.83	2.34

表 6-2　2018—2019 年麦田土壤水 δD 和 $\delta^{18}O$ 平均值

种植方式	土层深度（cm）	$\delta^{18}O$（‰）				δD（‰）			
		最大值	最小值	平均值	标准差	最大值	最小值	平均值	标准差
TC	5	0.61	-5.67	-2.72	1.67	-20.14	-45.01	-35.06	7.93
	10	-2.66	-6.24	-4.70	0.95	-35.04	-54.95	-46.09	6.08
	20	-4.91	-6.65	-5.84	0.50	-47.91	-59.36	-53.05	3.26
	30	-6.00	-7.56	-6.53	0.39	-53.28	-61.60	-56.28	2.28
	40	-6.48	-7.29	-6.81	0.23	-54.95	-59.42	-57.43	1.22
	60	-6.09	-8.46	-7.18	0.74	-54.09	-66.45	-58.57	3.10
	80	-6.72	-8.27	-7.39	0.46	-53.49	-60.74	-58.59	2.11
	100	-6.78	-8.76	-7.91	0.60	-53.66	-62.86	-59.99	2.66
	150	-7.34	-9.43	-8.26	0.67	-54.74	-65.58	-60.87	3.75

（续表）

种植方式	土层深度（cm）	δ¹⁸O（‰）				δD（‰）			
		最大值	最小值	平均值	标准差	最大值	最小值	平均值	标准差
RC	5	0.37	−6.15	−3.07	2.01	−16.46	−48.23	−33.65	10.62
	10	−3.51	−6.13	−4.91	0.79	−26.93	−55.17	−44.35	7.83
	20	−4.74	−6.87	−5.91	0.71	−40.42	−58.48	−51.21	5.57
	30	−4.47	−6.80	−5.55	0.69	−42.25	−54.97	−50.19	3.88
	40	−5.82	−7.20	−6.53	0.46	−52.76	−60.69	−56.22	2.34
	60	−6.45	−8.04	−7.09	0.49	−53.72	−62.59	−58.70	2.64
	80	−6.75	−8.56	−7.38	0.51	−56.06	−63.75	−58.81	2.39
	100	−6.97	−8.38	−7.81	0.49	−55.55	−63.83	−60.02	2.55
	150	−7.13	−9.55	−8.47	0.70	−57.13	−66.15	−62.61	2.52
HLSC-H	5	1.55	−5.17	−2.14	2.22	−13.32	−48.99	−30.63	10.25
	10	−0.59	−6.11	−3.53	1.60	−30.83	−50.82	−38.40	6.61
	20	−3.04	−6.85	−4.84	1.19	−39.32	−54.20	−46.03	5.60
	30	−4.80	−7.03	−5.67	0.65	−47.69	−54.06	−51.49	1.93
	40	−5.87	−7.96	−6.80	0.64	−51.62	−60.29	−56.26	2.50
	60	−6.53	−8.27	−7.38	0.48	−54.5	−62.39	−59.27	2.42
	80	−7.29	−8.56	−8.00	0.46	−59.29	−63.97	−61.43	1.46
	100	−7.42	−9.42	−8.44	0.60	−58.66	−66.24	−63.32	2.33
	150	−7.63	−10.04	−8.75	0.66	−59.75	−70.68	−64.14	3.27
HLSC-L	5	0.96	−6.40	−3.38	2.30	−16.17	−58.94	−35.87	13.11
	10	−2.64	−6.72	−4.84	1.18	−30.23	−58.68	−45.66	8.54

（续表）

种植方式	土层深度（cm）	δ18O（‰）				δD（‰）			
		最大值	最小值	平均值	标准差	最大值	最小值	平均值	标准差
	15	−4.69	−6.69	−5.96	0.69	−46.73	−58.18	−52.91	3.92
	30	−5.86	−7.13	−6.63	0.42	−52.41	−61.05	−57.37	2.66
	45	−6.46	−7.96	−7.06	0.44	−55.67	−65.40	−59.25	2.75
	60	−6.55	−7.95	−7.20	0.46	−54.98	−62.96	−58.90	2.44
	80	−6.65	−8.52	−7.57	0.60	−55.78	−65.70	−60.09	3.33
	100	−7.02	−9.28	−8.24	0.74	−57.59	−68.15	−61.98	3.23
	150	−7.33	−9.73	−8.89	0.75	−57.90	−71.06	−64.98	3.68

图 6-2 呈现了 2017—2019 年麦田 0～150cm 土层土壤水 δD 和 $\delta^{18}O$ 同位素之间的相关关系。2017—2019 年的 SWL 分别为 $\delta D=6.52\times\delta^{18}O-8.08$（$R^2=0.85$，2017—2018 年）和 $\delta D=4.91\times\delta^{18}O-22.34$（$R^2=0.91$，2018—2019 年）。由此可见，试验区土壤水量线的斜率和截距均小于 GMWL（$\delta D=8\times\delta^{18}O+10$）和 LMWL（$\delta D=6.95\times\delta^{18}O+7.16$），这表明该区土壤蒸发强度以及蒸发速率都比较大。

为便于进一步对土壤剖面 δD 和 $\delta^{18}O$ 分布特征以及水分来源剖析，综合考虑土壤含水量和稳定同位素以及根系分布等，详细方法可见 Wu et al.（2016）和 Wang et al.（2017）。0～150cm 土层土壤划分为以下 4 层。

（1）0～20cm 土层。该层土壤的土壤含水量、土壤水的氢氧同位素均存在很大的变异性，受灌溉、降水、蒸发等影响很大。

（2）20～100cm 土层。该层土壤的土壤含水量、土壤水的氢氧同位素的变异性明显小于 0～20cm；由于 20～60cm 的根系分布密集程度明显高于 60～100cm，因此将该层土壤划分为 20～60cm 和 60～100cm。

（3）100～150cm 土层。该层土壤的土壤含水量、土壤水的氢氧同位素展现出相对稳定的变化。

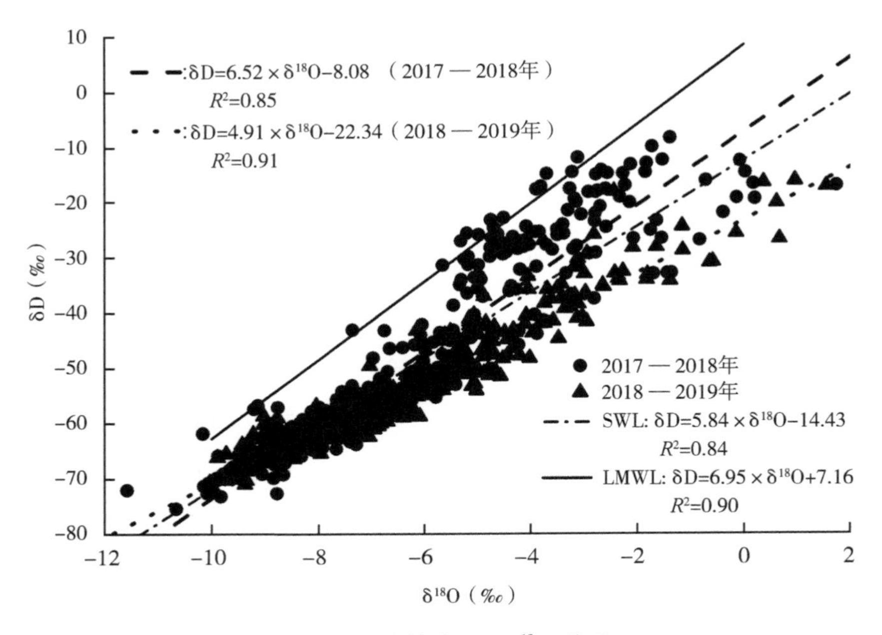

图 6-2　土壤水 δD-δ^{18}O 关系

二、不同栽培方式下土壤水同位素分布

前人研究表明，影响土壤剖面水同位素分布的因素有降雨和灌溉水、太阳辐射蒸发、地下水补给、栽培方式等。根据上述对 0~150cm 土层分类结果，探讨不同栽培方式（TC：传统栽培方式；RC：垄作栽培方式；HLSC：高低畦田栽培方式）对土壤剖面水 δD 和 δ^{18}O 同位素分布的影响，同时该研究只针对相同灌水量条件下的土壤水分 δD 和 δ^{18}O 同位素进行分析。

从表 6-1 和表 6-2 可以看出，3 种栽培方式麦田从表层至深层土壤水 δD 或 δ^{18}O 同位素呈现梯度分布，即 δ^{18}O 同位素随土层深度增加而逐渐减小，且不同栽培方式之间表层土壤水 δ^{18}O 同位素分布却存在较大差异。以 2017—2018 年为例，与 TC 栽培方式相比，RC 和 HLSC 栽培方式的表层土壤水（0~5cm）$\delta^{18}O$波动幅度较大（TC下$\delta^{18}O$的方差为2.18‰，RC下$\delta^{18}O$的方差为2.50‰，HLSC下$\delta^{18}O$的方差为2.42‰）。造成这一差异的原因一方面可能是灌溉对TC栽培方式的稀释作用，另一方面可能是由于太阳辐射导致RC和HLSC表层土壤蒸发富集$\delta^{18}O$同位素。不同栽培方式下土壤剖面结构也不同，灌溉和降雨湿润的方式亦有所不同，故除了影响表层土壤水分$\delta^{18}O$同位素存在差异以外，还影响着剖面同位素的分布。例如以2017—2018年HLSC栽培方式为例，HLSC栽培方式（高畦田的表面比低畦田的表面高15cm）下高畦田的表层（0~10cm）与低畦田的表层（0~10cm）土壤水$\delta^{18}O$同位素存在明显差异，高畦比低畦更容易富集重同位素（高畦$\delta^{18}O$在0~5cm和5~10cm的均值分别为-2.56‰和-3.55‰，而低畦$\delta^{18}O$在0~5cm和5~10cm的均值分别为-3.40‰和-4.78‰），造成这一差异的原因与上述类似，一方面高畦田受太阳辐射蒸发强度高，富集重同位素；另一方面低畦田容易收集降雨和灌溉水，稀释表层土壤水。而土壤水$\delta^{18}O$同位素值沿土壤剖面深度增加而减少的原因可结合土壤含水量共同解释，即土壤含水量越低，土壤孔隙中空气越多，土壤水转化为气态水（轻同位素挥发，重同位素富集于土壤中）。同理，RC栽培方式，垄上比沟上的土壤水$\delta^{18}O$同位素值大。

图6-3呈现了3种栽培方式2017—2019年两季冬小麦0~30cm、30~60cm、60~100cm以及100~150cm土壤水δD和$\delta^{18}O$同位素的相关关系。不同栽培方式下土壤水δD和$\delta^{18}O$同位素主要分布于LMWL右下侧，基于植物所有潜在水源的“初始水源”皆来自降水理论，说明各层土壤水δD和$\delta^{18}O$同位素受到的蒸发分馏程度不同。不同栽培方式麦田土壤水线SWL的斜率和截距均存在明显差异，说明栽培方式对蒸发强度和蒸发速率存在显著影响，形成的原因一方面可能是栽培方式（TC、RC、HLSC）不同，土壤剖面结构不同，灌溉水或降雨水湿润方式不同以及不同土层土壤蒸发情况不同，从而水分在不同土层中的分布存在的差异较大；另一方面可能是栽培方式改变了根系分布，从而根系对不同土层水分的吸收利用程度也有所不同。

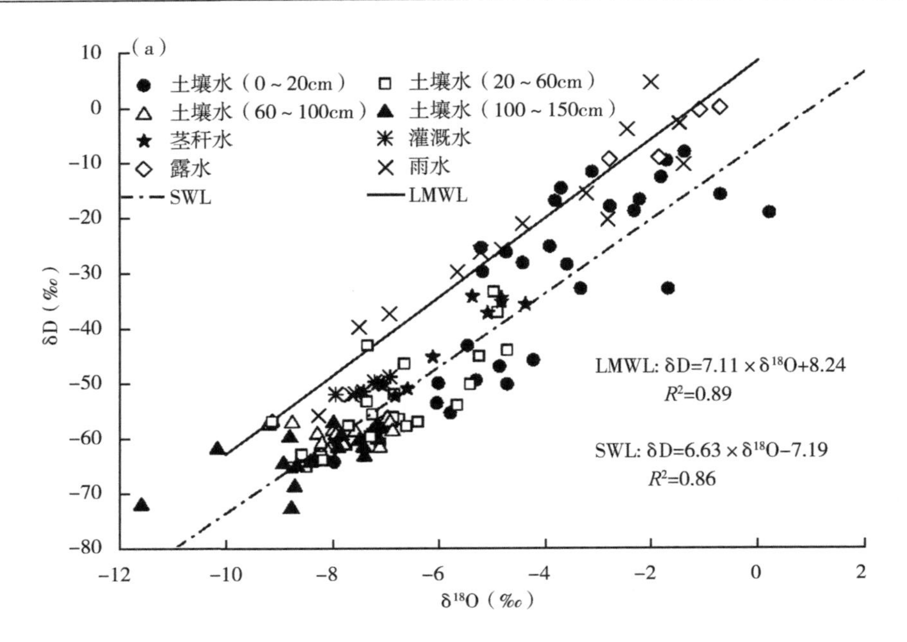
(a)
土壤水（0～20cm）
土壤水（20～60cm）
土壤水（60～100cm）
土壤水（100～150cm）
茎秆水
灌溉水
露水
雨水
SWL
LMWL
LMWL: δD=7.11×δ18O+8.24
R2=0.89
SWL: δD=6.63×δ18O−7.19
R2=0.86
δD（‰）
δ18O（‰）

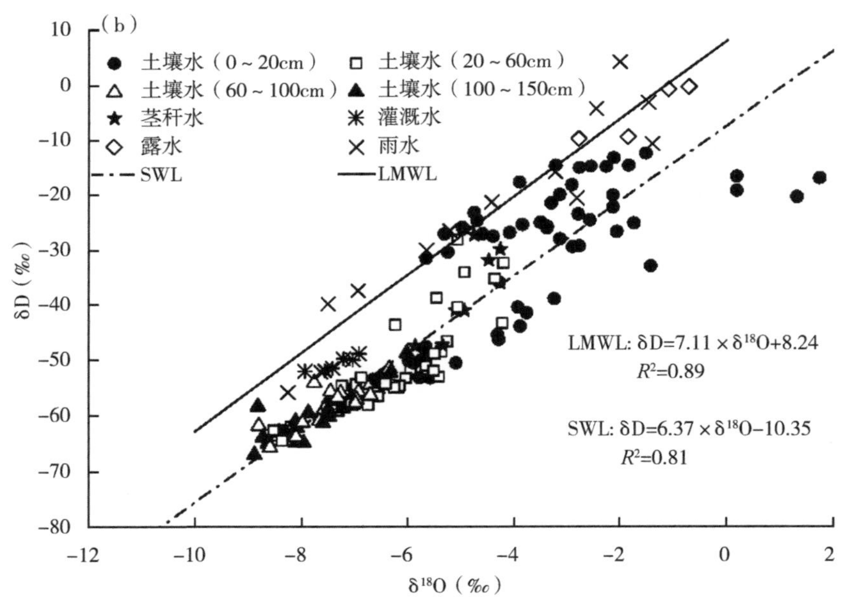
(b)
土壤水（0～20cm）
土壤水（20～60cm）
土壤水（60～100cm）
土壤水（100～150cm）
茎秆水
灌溉水
露水
雨水
SWL
LMWL
LMWL: δD=7.11×δ18O+8.24
R2=0.89
SWL: δD=6.37×δ18O−10.35
R2=0.81
δD（‰）
δ18O（‰）

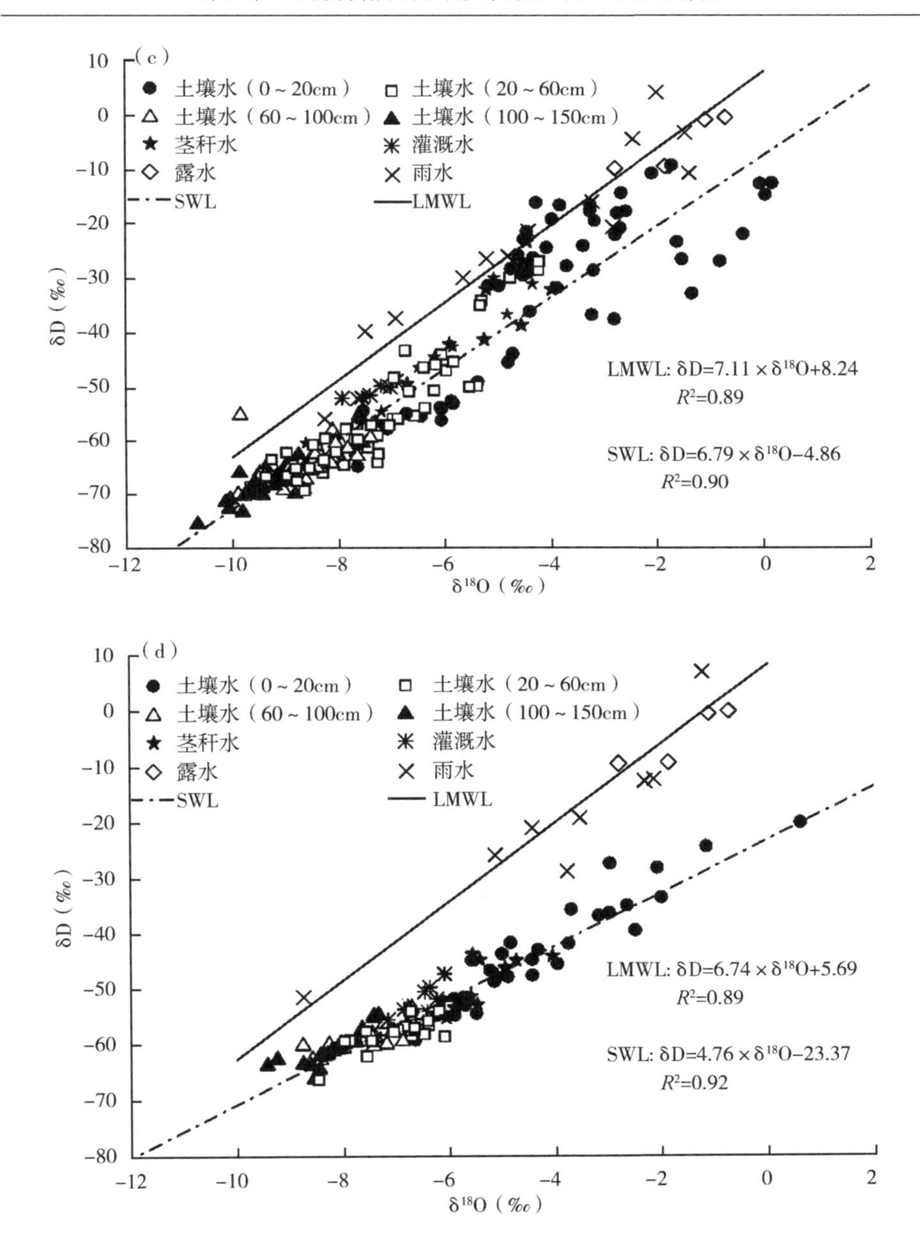
(c)
土壤水（0～20cm）
土壤水（20～60cm）
土壤水（60～100cm）
土壤水（100～150cm）
茎秆水
灌溉水
露水
雨水
SWL
LMWL
LMWL: δD=7.11×δ18O+8.24
R2=0.89
SWL: δD=6.79×δ18O−4.86
R2=0.90
δD（‰）
δ18O（‰）
(d)
土壤水（0～20cm）
土壤水（20～60cm）
土壤水（60～100cm）
土壤水（100～150cm）
茎秆水
灌溉水
露水
雨水
SWL
LMWL
LMWL: δD=6.74×δ18O+5.69
R2=0.89
SWL: δD=4.76×δ18O−23.37
R2=0.92
δD（‰）
δ18O（‰）

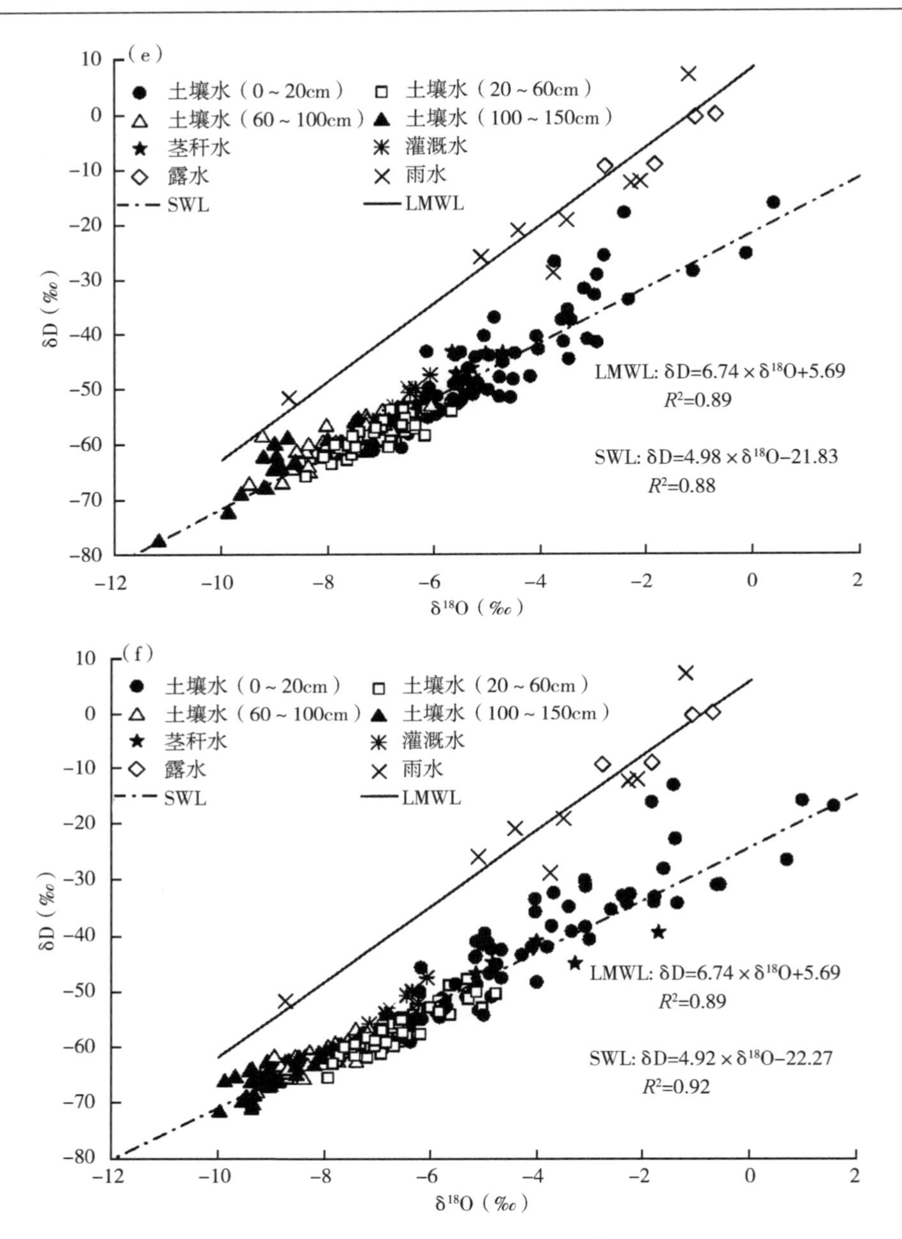

图 6-3　降雨水、茎秆水、土壤水 δD 和 $\delta^{18}O$ 的相关关系

注：(a) TC，(b) RC，(c) HLSC（2017—2018 年）；(d) TC，(e) RC，(f) HLSC（2018—2019 年）

第三节　茎秆水体氢氧同位素特征

冬小麦茎秆水是各潜在水源（降雨、灌溉水、土壤水等）的“混合体”，因此茎秆水 δD 和 $δ^{18}O$ 值的变化在一定程度上反映了灌溉和降雨的特征。以 2017—2018 年为例，2017—2018 年灌溉水（地下水）的 δD 和 $δ^{18}O$ 同位素值变化分别在-48. 78‰~51. 93‰和-6. 93‰~7. 94‰波动，均值分别为-50. 59‰±1. 30‰和-7. 35‰±0. 37‰；相应地降雨水的 δD 和 $δ^{18}O$ 同位素值变化分别在 4. 33‰~55. 81‰和-0. 73‰~8. 26‰波动，均值分别为-24. 19‰±17. 89‰和-4. 52‰±2. 46‰。灌溉水和降雨水最终经转化贮存于土壤中。冬小麦茎秆水的 δD 和 $δ^{18}O$ 同位素值变化分别在-23. 29‰~61. 12‰和-4. 00‰~8. 63‰波动。图 6-4 中可以看出小麦茎秆水的 δD 和 $δ^{18}O$ 同位素值主要分布于 0~20cm 和 20~60cm 土层中，说明在冬小麦生育期主要利用 0~60cm 土层的土壤水。

图 6-4 呈现了麦田 2017—2019 年两季冬小麦茎秆水 δD-$δ^{18}O$ 的相关关系。茎秆水的 δD 和 $δ^{18}O$ 同位素值（Xylem water line，XWL：$δD=6.54×δ^{18}O-9.53$，$R^2=0.59$）主要分布于试验区大气降水量线 LMWL 的右下侧，表明冬小麦的各潜在水源受到不同程度蒸发所致的同位素分馏作用的影响。从图 6-4 中可以发现，2017—2018 年冬小麦茎秆水 δD 和 $δ^{18}O$ 同位素值较为贫化，2018—2019 年冬小麦茎秆水较富集，原因是相对于 2017—2018 年，2018—2019 年比较干旱，冬小麦倾向于吸收更深层的土壤水。此外，从图 6-4 中还可以发现，2017—2018 年冬小麦茎秆水线 XWL（$δD=7.62×δ^{18}O+δ1.26$，$R^2=0.84$）的斜率和截距明显高于 2018—2019 年（$δD=5.90×δ^{18}O-17.32$，$R^2=0.67$），主要是由于 2017—2018 年土壤水线 SWL 大于 2018—2019 年土壤水线 SWL，即 2017—2018 年蒸发作用明显高于 2018—2019 年。

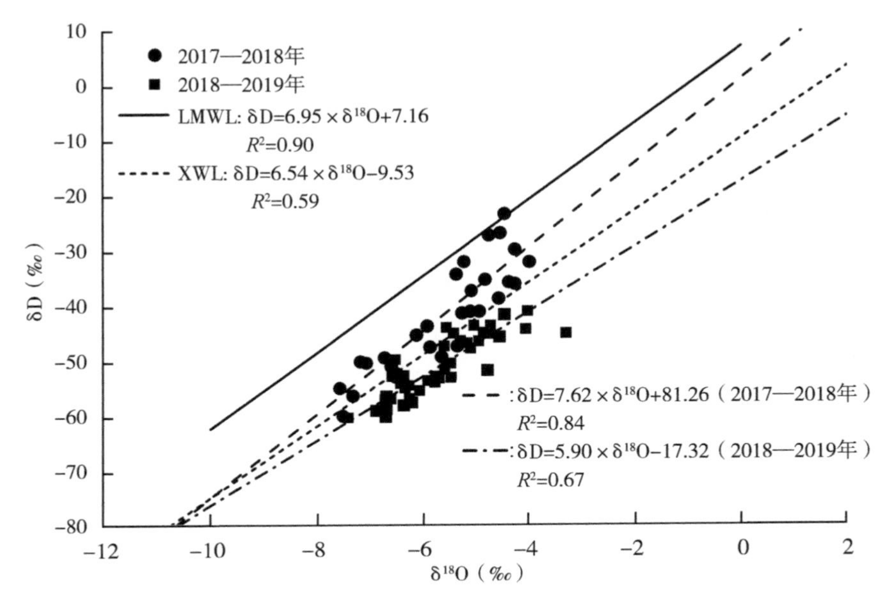

图 6-4　麦田茎秆水 δD 和 $\delta^{18}O$ 相关关系

第四节　讨　论

全球大气降水量线（GMWL）方程中的斜率与截距反映出了全球尺度上降雨的 $\delta D-\delta^{18}O$ 的平均分布特征（Craig，1961）。其中，由于区域不同，气候变化、蒸发情况亦不同，使得区域大气降水量线（LMWL）的斜率和截距不同，空气湿度越低，降水的同位素分馏效应相对较强，大气降水量线的斜率就越低；蒸发速率越高，大气降水量线的截距就越小。试验区当地大气降水量线 LMWL 的斜率和截距均小于全球大气降水量（GMWL：$\delta D=8\times\delta^{18}O+10$），同时也小于郑淑蕙提出的我国大气降水线 $\delta D=7.9\times\delta^{18}O+8.2$ 的斜率和截距（郑淑蕙等，1983），说明我国山东地区（研究区域）蒸发强度和速率均大于全国和全球平均水平。LMWL 也可反映当地的季节气候变化，2017—2018 年 LMWL（$\delta D = 7.11 \times \delta^{18}O + 8.24$）的斜率和截距均比 2018—2019（$\delta D = 6.74 \times \delta^{18}O + 5.69$）大，说明了 2018—2019 年的蒸发强度和蒸发速率都大于 2017—2018 年。

土壤水 δD 和 δ^{18}O 同位素主要分布于大气降水量线（LMWL）的右侧，表明不同土层的 δD 和 δ^{18}O 同位素受蒸发分馏程度不同。试验区土壤水量线 SWL（$\delta D = 5.84 \times \delta^{18}O - 14.43$，$R^2 = 0.84$）的斜率和截距均小于 GMWL（$\delta D = 8 \times \delta^{18}O + 10$）和 LMWL（$\delta D = 7.11 \times \delta^{18}O + 8.24$），这表明该区土壤蒸发强度以及蒸发速率都比较大。此外，2017—2018 年的 SWL 斜率和截距均比 2018—2019 年大，原因可能是 2017—2018 年降水量丰富，一定程度上稀释了土壤中 δD 和 δ^{18}O 同位素值，以及降雨增加了空气湿度，降低了土壤蒸发速率；由于试验区在 2018—2019 年降水相对较少，灌水周期相对短，表层土壤水处于较湿润状态，因此蒸发强度较大。

此外，土壤水同位素可以反映降雨、灌溉水和之前土壤水分有关过程的信息。土壤水氢氧同位素沿土壤剖面梯度垂直变化主要受太阳辐射蒸发和降雨与灌溉水入渗两个过程的影响。总的来说，表层土壤水氢氧同位素（0～20cm）的变异程度较高，且这种变异程度随土层深度递增而降低。与深层土壤水 δD 和 δ^{18}O 相比，表层土壤水变得更加富集，这主要是因为强烈蒸发作用导致其重同位素富集。加之降雨和灌溉水的共同作用，表层土壤水 δD 和 δ^{18}O 值表现出比中深层土壤更大的差异。此外，不同栽培模式设置在同一区域，具有相同气候条件（降雨和温度）以及相同的水肥管理模式，然而 3 种栽培模式的土壤水同位素和土壤水线均呈现出差异，这很大原因可能是栽培模式改变了土壤地形结构，进而改变了作物根系吸水模式以及降雨和灌溉水的入渗方式。

第七章　不同栽培方式下冬小麦水分来源

稳定氢氧同位素（δD 和 $\delta^{18}O$）被广泛运用于农田、森林、草地等生态系统的水分溯源研究（Yang et al.，2015；Liu et al.，2020；Penna et al.,2020）。根据植物根系吸水过程中不发生同位素分馏以及由于太阳辐射、入渗等物理现象使土壤水发生分馏，导致不同土层土壤水 δD 和 $\delta^{18}O$ 差异明显，为计算根系吸水来源比例提供了可能（Ma et al.，2016）。基于 δD 和 $\delta^{18}O$ 同位素的相关研究表明，水分利用存在明显的塑性即湿润期（降雨或者灌溉后）主要利用浅层土壤水，干旱期倾向于吸收深层土壤水（Wu et al.，2017）。Liu et al.（2020）发现冬小麦在拔节期主要利用 0~20cm 土壤水，而在成熟期主要吸水深度转移到了 20~40cm。这些现象说明了根系吸水具有明显的塑性现象（Yang et al.，2018）。

栽培方式改变了地表结构，进而影响了灌溉水和降雨的入渗分布；同时栽培方式亦改变作物根系分布和群体结构，进而影响水分的吸收与利用。因此，本章主要利用 δD 和 $\delta^{18}O$ 同位素研究 3 种栽培方式（TC、RC、HLSC，灌水定额相同）下的冬小麦水分来源，对冬小麦根系分布，以及同位素 MIXSIAR 模型对冬小麦根系吸水进行量化，确定其根系吸水深度，与当前的灌溉水湿润深度进行对比，为改善当前农业灌溉制度提供数据支撑，从而缓解区域农业灌溉用水压力。

第一节　几何图像法小麦根系吸水深度分析

根据植物根系吸水过程中 δD 和 $\delta^{18}O$ 不发生分馏理论，通过比较植株茎秆水分和某一层土壤水的 δD 和 $\delta^{18}O$，两者的同位素值相类似时（几何模型中两者相交时），即认为植株根系主要吸收该层土壤水。由于 ^{18}O 和 ^{16}O 相对质量的差异明显小于 D 和 H，因此 $\delta^{18}O$ 相对于 δD 更不易受外界分馏的影响，因此选用 $\delta^{18}O$ 值作为根系吸水层的分析。

图 7-1 呈现 2017—2018 年不同栽培方式下不同生育期冬小麦茎秆水与土壤水 $\delta^{18}O$ 同位素的分布情况。图 7-1 中小麦茎秆水和土壤水 $\delta^{18}O$ 同位素分布曲线的交点即小麦根系主要吸水层深度。TC 栽培方式中，在小

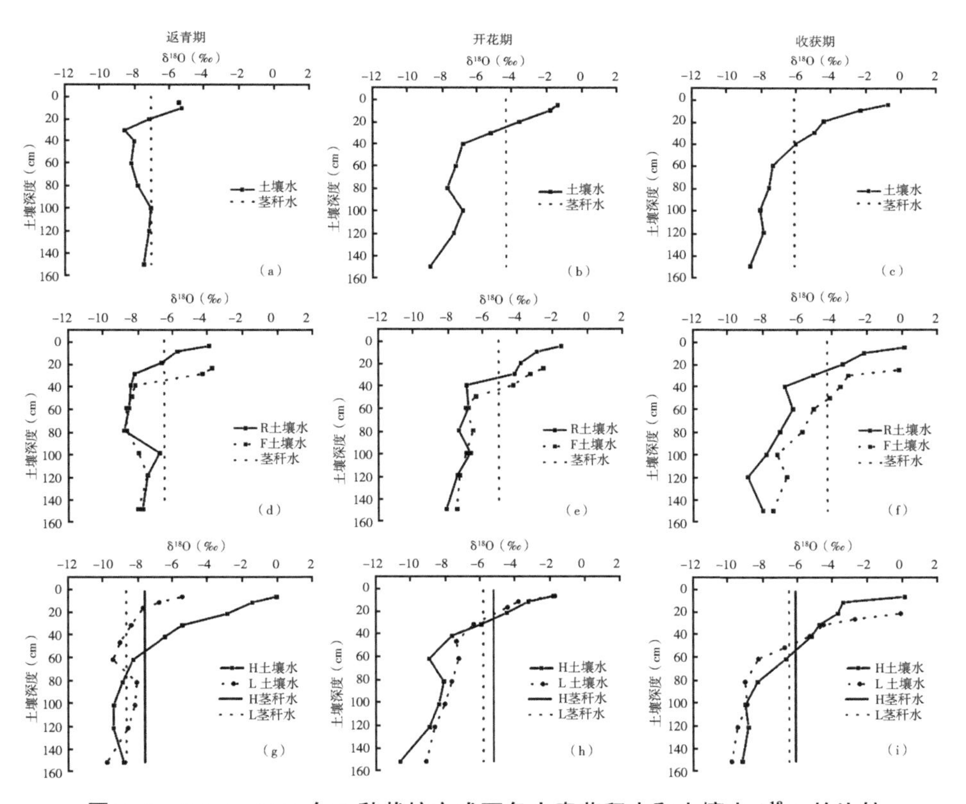

图 7-1　2017—2018 年 3 种栽培方式下冬小麦茎秆水和土壤水 $\delta^{18}O$ 的比较

麦返青期（图 7-1a），茎秆水 $\delta^{18}O$ 与 10~20cm 土层 $\delta^{18}O$ 相交，说明该时期根系吸水主要来源于 10~20cm 土层；在开花期（图 7-1b），小麦茎秆水与土壤水 $\delta^{18}O$ 相交于 20~30cm 土层，说明开花期 20~30cm 的土壤水分是小麦根系吸水的主要来源；而在收获期（图 7-1c），小麦茎秆水与土壤水 $\delta^{18}O$ 相交于 40~60cm 土层，说明在收获期小麦根系吸水的主要来源是 40~60cm。

在 RC 栽培方式下，小麦返青期（图 7-1d），小麦茎秆水 $\delta^{18}O$ 与垄（R）下 10cm 土层［沟（F）下 10cm 土层］相交，说明该时期小麦主要吸水来源于垄下 10~20cm 土层（沟下 10~20cm）；在开花期（图 7-1e），小麦茎秆水与土壤水 $\delta^{18}O$ 相交于 30~50cm 土层，说明在开花期小麦的水分来源主要是垄下 30~40cm 土层（沟下 20~30cm）；在收获期（图 7-1f），小麦茎秆水与土壤水 $\delta^{18}O$ 相交于 20~60cm 土层，说明在开花期小麦的水分来源主要是垄下 20~30cm 土层（沟下 30~40cm）。同理，在 HLSC 栽培方式下，在返青期（图 7-1g），高畦（H）小麦茎秆水主要吸收 40~60cm 土层水分，低畦（L）小麦茎秆水与土壤水 $\delta^{18}O$ 相交于 30~45cm 土层水分（这里是以高畦为水平面）；在开花期时（图 7-1h），高畦和低畦冬小麦水分分别主要来源于 20~30cm 土层和 30~45cm 土层；在收获期（图 7-1i），高畦和低畦小麦根系的主要吸水层为 20~30cm 和 40~50cm。

与 2017—2018 年相比，2018—2019 年的冬小麦根系主要吸水土层明显不同（图 7-2）。比如，在 TC 栽培方式下，冬小麦在返青期、开花期、成熟期的根系吸水主要来源于 20~30cm、10~20cm、30~40cm；RC 栽培方式下，冬小麦在 3 个时期根系吸水分别主要利用 20~40cm、20~30cm、20~50cm 土层水分；而 HLSC 栽培方式高畦在不同时期根系吸水主要来源于 40~60cm、30~40cm、30~40cm 土层，低畦主要来源 30~45cm、45~60cm、15~30cm 土层。总的来说，不同栽培方式下冬小麦的根系吸水水分来源于 0~60cm 土层。

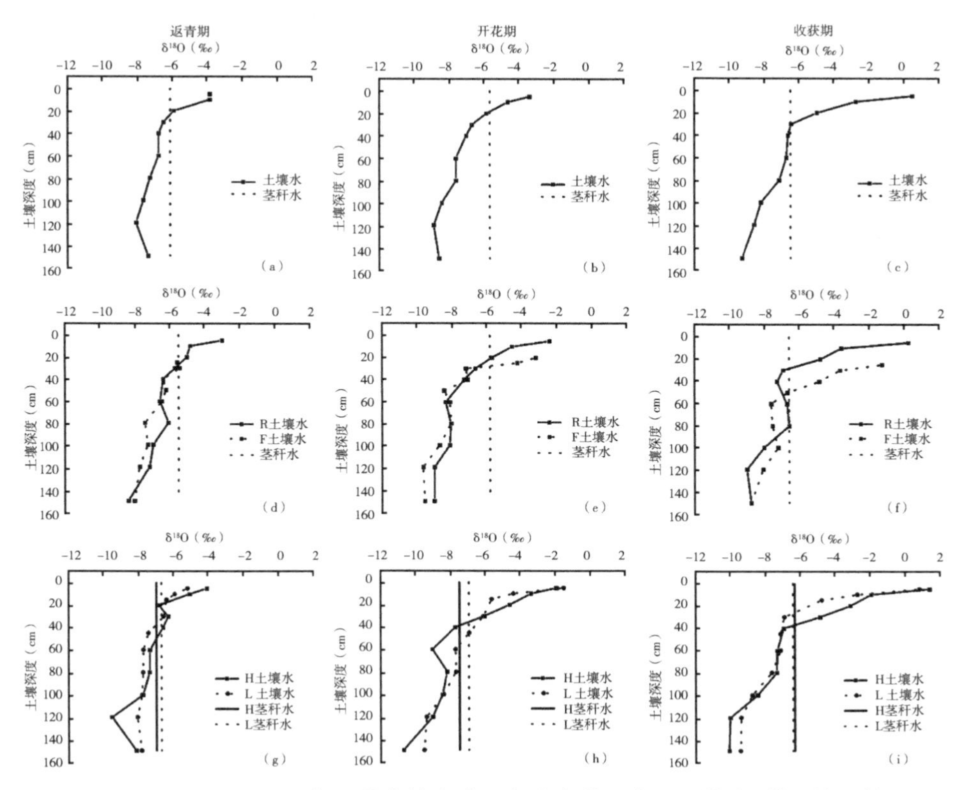

图 7-2　2018—2019 年 3 种栽培方式下冬小麦茎秆水和土壤水 $\delta^{18}O$ 的比较

第二节　冬小麦吸水来源及其贡献比例

通过几何图像法判断小麦主要吸水来源的土层，但是该法不能量化各层土壤水分对小麦植株的贡献率，而且忽略了小麦根系吸水可能由不同土层的土壤水分混合而成。因此，通过多元混合模型 MIXSIAR 定量计算小麦在不同生育期对各层土壤水的利用比例。

图 7-3 呈现了 2017—2018 年不同栽培方式下不同时期冬小麦根系吸

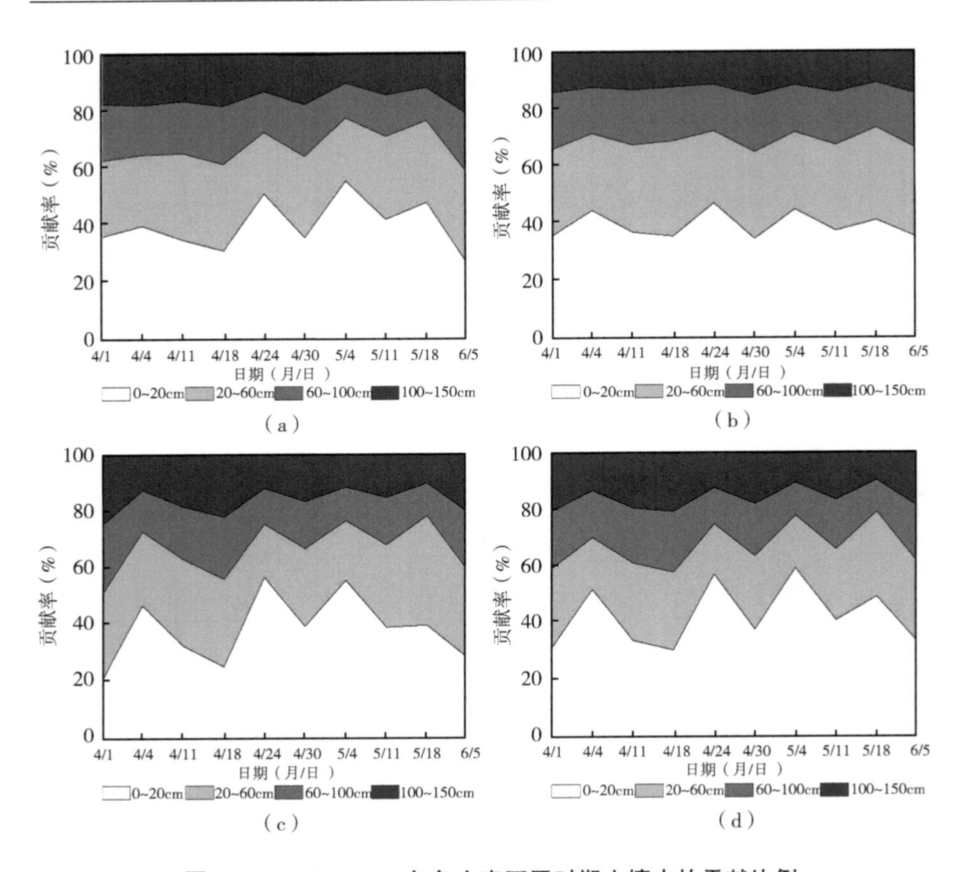

图 7-3　2017—2018 年冬小麦不同时期土壤水的贡献比例

注：(a) 为 TC 栽培方式；(b) 为 RC 栽培方式；(c) 和 (d) 为 HLSC 栽培方式的高畦和低畦。

水的贡献比例。TC 栽培方式下，0～150cm 各层（0～20cm、20～60cm、60～100cm、100～150cm）土壤水贡献比例在不同时期存在明显波动，表明不同时期根系对各土层的利用率不同。返青期的小麦对表层土壤 0～20cm 土壤水的利用比例达到 36. 10%。在灌溉后第 2 天（4 月 4 日），小麦对 0～20cm 土壤水的利用比例达到 39. 90%。随着小麦水分消耗以及无降水和灌溉水的输入，表层土壤水水分含量逐渐降低，小麦植株对 0～20cm 土层水的利用降低至 31. 10%，相应地，增加了中层土壤 20～60cm

的贡献比例。而后在 4 月 22 日、5 月 1 日、5 月 16 日分别发生了 23mm、34.3mm、103mm 的降雨，小麦对 0~20cm 土壤水分的利用比例分别增加到 51.10%、55.50%、47.90%。小麦成熟期（6 月 5 日），冬小麦主要根系吸水层由表层（0~20cm）转移到中层土壤（20~60cm）。在小麦整个生育期，其对 0~20cm、20~60cm、60~100cm、100~150cm 土层水分的平均利用比例分别是 40.04%±9.17%、27.41%±3.48%、16.83%±3.42%、15.67%±3.31%。

相比之下，RC 栽培方式对 0~150cm 各层（0~20cm、20~60cm、60~100cm、100~150cm）土壤水贡献比例的波动较小，在整个生育期小麦主要利用 0~20cm 和 20~60cm 土层水分。返青期的小麦对 0~20cm 和 20~60cm 土壤水利用分别为 35.50%和 30.30%。灌水后其对 0~20cm 土层水分的利用增加至 44.50%，对 20~60cm 的水分利用为 26.90%。在尔后的三场降雨中，0~20cm 土壤水的贡献比例分别从 35.40%提高至 47.00%、34.40%提高至 44.70%、37.20%提高至 40.90%，而对 20~60cm 的利用率变化无显著性差异。在小麦整个生育期，其对 0~20cm、20~60cm、60~100cm、100~150cm 土层水分的平均利用比例分别是 39.12%±4.74%、29.70%±2.55%、18.13%±1.67%、13.04%±1.59%。

与 TC 和 RC 栽培方式相比，HLSC 栽培方式对 0~150cm 各层（0~20cm、20~60cm、60~100cm、100~150cm）土壤水贡献比例的波动明显剧烈，同时高畦和低畦上小麦对各潜在水分来源吸收利用比例存在明显差异。返青期（4 月 1 日）的高畦上小麦对 20~60cm 土壤水利用比例为 30.60%，低畦上小麦对 0~20cm 土壤水的利用比例为 31.07%。在灌水后第 2 天（4 月 4 日），高畦根系吸水层由中层转移到浅层土壤，对浅层土壤的利用率为 47.10%，同样地，低畦对浅层土壤的利用率增加至 51.93%。由于长时间无灌水或降雨输入，高畦和低畦上的小麦对浅层土壤（0~20cm）水分利用分别降低至 32.50%和 33.63%。在尔后的三场降雨中，高畦上小麦对 0~20cm 的土壤水分利用比例有不同程度的提高，分别为 57.10%、55.90%、39.64%（低畦分别为 57.20%、59.43%、49.03%）。成熟期，高畦上冬小麦的主要根系吸水层从 0~20cm 转移到 20~60cm，低畦的根系吸水层保持在 0~20cm。在小麦整个生育期，高畦上小麦对 0~20cm、20~60cm、60~100cm、100~150cm 土层水分的平均利用比例分别是 38.42%±12.35%、28.55%±5.69%、16.92%±4.47%、16.13%±4.92%（低畦上小麦分别为 42.38%±11.11%、24.86%±4.74%、16.86%±3.77%、15.87%±4.16%）。

与 2017—2018 年相比，3 种栽培方式下冬小麦水分来源规律类似（图 7-4），即 TC 栽培方式下冬小麦在返青—灌浆期的根系吸水层为 0~

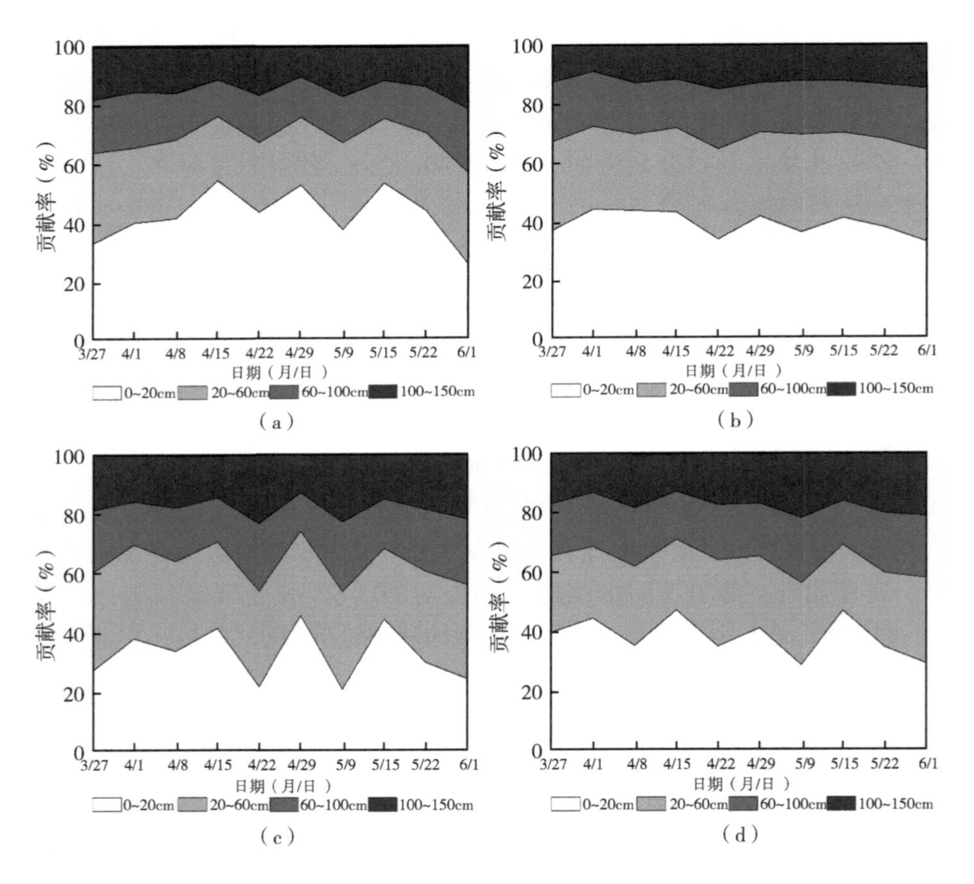

图 7-4　2018—2019 年冬小麦不同时期土壤水的贡献比例

注：（a）为 TC 栽培方式；（b）为 RC 栽培方式；（c）和（d）为 HLSC 栽培方式的高畦和低畦。

20cm，而收获期的主要根系吸水深度为20～60cm；RC栽培方式下冬小麦水分主要来源于0～20cm和20～60cm；与2017—2018年的HLSC栽培方式相比，2018—2019年高畦的根系吸水层变换相对明显，而低畦的根系吸水层保持不变。当灌溉或者降雨时，浅层土壤含水量迅速上升，冬小麦对其的利用比例增加；相反，当表层土壤含水量逐渐降低时，小麦对其的利用比例也呈现逐渐降低的趋势，这一点在TC和HLSC栽培方式上得到很好的体现。但是对于RC栽培方式而言，这种水分利用比例的波动似乎不受土壤干旱或者湿润的影响，这也许表明该栽培方式具有很好的抗旱能力。

第三节　讨　论

研究结果表明，不同栽培方式对各潜在水源的利用比例存在明显差异。以往研究表明，冬小麦根系吸水和根系分布存在相关关系，即根系吸水比例与根干重比例呈现显著正相关（Ma et al.，2018），表明根系在土壤剖面中的分布是影响根系吸水的重要因素。根据相关回归分析，TC栽培方式下，根系吸水比例与根长密度占比之间的关系为$y=0.59x+0.08$（$R^2=0.40$，$P<0.01$）；在RC栽培方式下，根系吸水比例与根长密度占比之间的关系为$y=-0.51x+0.23$（$R^2=0.01$，$P>0.05$）；在HLSC栽培方式下，根系吸水比例与根长密度占比之间的关系为$y=1.13x-0.01$（$R^2=0.59$，$P<0.01$）。可见，TC和HLSC栽培方式下土壤水水分贡献比例与根系密度占比存在显著相关关系，而RC栽培方式下两者的相关程度有所不同，但这并不意味着根系分布不能解释根系吸水，这可能是因为根系吸水不仅取决于根系分布，还取决于活性根的数量以及土壤水分的可利用性（Zheng et al.，2019）。

冬小麦的根系吸水深度随土壤水分变化而变化，且在各生育期主要利用表层（0～20cm）和中层土壤（20～60cm）。有研究表明，小麦在湿润季节，根系吸水深度主要是0～20cm；而在旱季，根系吸水深度是20～40cm（Liu et al.，2020），这表明了冬小麦吸水存在塑性变化。在本研究中，以 HLSC 栽培方式高畦田为例，冬小麦抽穗期（图 7-1，4 月 22 日和 4 月 29 日均在小麦抽穗期范围内），在 4 月 22 日冬小麦主要根系吸水层为中层土壤（20~60cm），而在 4 月 29 日根系吸水层由中层转移到了浅层土壤（0~20cm）。然而有研究表明，当表层土壤水分逐渐变干时，深层土壤则会成为植物根系吸水的主要来源（Mahindawansha et al.，2018）。另外，虽然在本研究中小麦对深层土壤水的利用很少，但还是需要一定量的深层土壤水来满足作物生长耗水需求，故造成了该层土壤含水量的下降。总体来说，小麦的根系吸水主要来源于浅层和中层土壤。

栽培方式改变了土壤剖面结构，进而改变了灌溉水或者降水在土层的土壤水分分布。RC 栽培方式垄上的小麦处于干旱和湿润交替状态，为寻找稳定水源使根系吸水不受外界影响，小麦朝向垄下和沟中生长，表现为 20cm 深度以下的根系量高于 TC 栽培方式。可见，栽培方式改变了土壤湿润的方式，进而改变根系吸水方式，从而根系分布明显不同，最终影响根系吸水。冬小麦对表层土壤水分的利用比例随着水分消耗，其变化显著，当灌溉或者降雨使其水分充沛时对根系吸水的贡献迅速增加，表明土壤水分是该时期影响根系吸水的主要因素。本试验基于稳定 δD 和 $\delta^{18}O$ 同位素定量分析不同栽培方式下不同时期各土层深度对小麦根系吸水的贡献率，表明根系对不同土层的吸水比例取决于其根系分布以及土壤含水量。

此外，根据作物在不同生育期根系吸水的主要来源，同时量化农田灌水在各层土壤的入渗比例，对比灌溉入渗深度与作物根系吸水深度（两者是否匹配），从而为优化当前农业灌溉制度（比如灌溉量和灌溉时间）提供重要的数据支撑。以 2017—2019 年 HLSC 栽培方式下 3 次灌水时间 [（a）2018 年 4 月 2 日，（b）2018 年 11 月 19 日，（c）2019 年 3 月 28 日] 90mm 灌溉水在各层土壤的入渗情况为例（图 7-5）。假设 90mm 灌溉水全部渗入 0~150cm 土层中，基于水量平衡公式 [详见式（2-3）和式（2-4）]，灌溉水渗入 0~20cm、20~60cm、60~100cm、100~150cm 土壤的比例分别为 22.71%±5.56%、46.36%±4.57%、20.75%±4.76%、7.52%±4.58%，其余 2.65%±1.52%的灌溉水以蒸散发和深层渗漏的形式散失。

冬小麦在整个生育期主要利用浅根系吸收表层（0~20cm）和中层

（20～60cm）土壤水。然而3次灌溉后进入0～60cm土层的灌溉水仅有69.07%±1.81%。而这一入渗量是在灌水后第2天的分析结果。有研究结果表明，在灌溉后7d内灌溉水仍会向深层土壤入渗（Wang et al.，2012），这意味着灌溉水贮存于0～60cm的比例会持续降低。因此考虑灌溉计划湿润层应当分布在根系吸水的主要区域（周始威等，2016），考虑将灌溉计划湿润层调整为60cm。

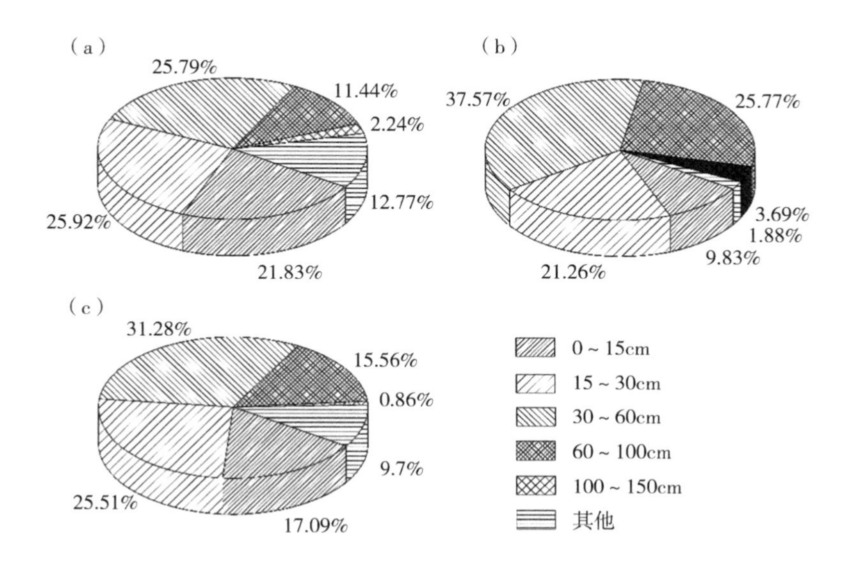

图7-5　HLSC栽培方式下农田灌溉水入渗分析

第八章　主要结论

一、不同栽培方式和灌溉水平下麦田土壤水分和硝态氮的分布状况

（1）对比3种栽培方式，RC方式水流推进速度最快，灌溉水推进相同距离的时间明显小于TC和HLSC方式。HLSC方式的水流推进速度快于TC方式。HLSC方式的灌水效率最高，灌水均匀度虽然略低于RC方式，但相比TC方式明显增加。

（2）栽培方式对灌水后表层土壤含水量影响显著，对深层土壤水分分布影响较小。拔节期灌水后，RC-R（RC方式的垄上）和HLSC-H（HLSC方式的高畦）的表层土壤含水量显著低于TC方式，这有利于减少土壤蒸发量。虽然RC和HLSC方式在局部进行灌溉，但灌溉水经过入渗和再分布后，不计表层土壤含水量，RC-R和RC-F（RC方式的沟中）相同土层土壤水分分布一致，HLSC-H和HLSC-L（HLSC方式低畦）相同土层土壤水分分布一致，且均与TC方式相同土层土壤水分分布一致。HLSC方式相比TC和RC方式消耗了更多的土壤贮水量，收获期HLSC方式麦田土壤水分显著低于其他两种方式。

（3）栽培方式对拔节期追肥后土壤硝态氮分布影响显著。拔节期追施氮肥后麦田0~60cm土层的土壤硝态氮含量均有提升，其中10~20cm土层提升最明显，60cm以下土层土壤硝态氮含量没有明显变化，均处于较低水平。拔节期追施氮肥后直到收获期，RC-R的土壤硝态氮含量明显低RC-F相同土层的土壤硝态氮含量，HLSC-H的土壤硝态氮含量明显低

于 HLSC-L 相同土层的土壤硝态氮含量。灌浆期 0~60cm 土层土壤硝态氮含量有所降低，但 60~100cm 土层土壤硝态氮含量增加。收获期各栽培方式土壤硝态氮残留量主要集中在 0~40cm 土层，40cm 以下土层土壤硝态氮含量小于 4mg/kg。相比 TC 和 RC 方式，收获期 HLSC 方式各土层土壤硝态氮残留量明显减小。不同处理麦田各土层土壤铵态氮含量在各个生长阶段均处于较低水平，冬小麦全生育期 0~150cm 土层土壤铵态氮含量均小于 3mg/kg。不同栽培方式土壤铵态氮在追肥后第 5 天的分布规律与土壤硝态氮一致。而在冬小麦其他生长阶段，不同栽培方式和灌溉水平处理的土壤铵态氮含量没有明显差异。

二、不同栽培方式和灌溉水平对冬小麦生长发育及产量的影响

（1）RC 和 HLSC-H 的小麦株高显著低于 TC 和 HLSC-L 的小麦株高。HLSC 方式的冬小麦的分蘖数、LAI、茎叶生物量、穗生物量和地上部生物量显著高于 TC 和 RC 方式，RC 方式下冬小麦的 LAI 和各器官生物量最小。冬小麦 LAI 和地上部生物量随着灌水量的减少而减小，表现为高水>中水>低水。HLSC 方式的 HI 显著小于 TC 和 RC 方式，RC 方式下 HI 最大。

（2）HLSC 方式的籽粒产量显著高于 TC 和 RC 方式。2017—2018 年 HLSC 方式的产量较 TC 和 RC 分别提高 22.63%和 26.43%，2018—2019 年分别提高 10.30%和 18.28%，2019—2020 年分别提高 9.96%和 22.05%。相同栽培方式，随着灌水定额减少，冬小麦籽粒产量减小。HLSC 方式的成穗数显著高于 TC 和 RC 方式，TC 方式和 RC 方式的成穗数没有显著差异。

三、不同栽培方式和灌溉水平对冬小麦水氮吸收及利用状况的影响

（1）不同栽培方式显著影响冬小麦水分消耗。HLSC 方式的耗水强度

高于 TC 和 RC 方式，RC 方式最小。阶段耗水量和耗水强度随着灌水量的增加而增大，表现为高水>中水>低水。冬小麦不同生长阶段耗水强度表现为播种—拔节期<拔节期—开花期<开花期—成熟期。3 年试验 HLSC 方式的总耗水量分别为 551.5mm、529.7mm 和 509.6mm，分别比 TC 方式高 14.16%、7.71%和 5.45%，RC 方式的耗水量分别比 TC 方式低 4.78%、1.33%和 0.91%。HLSC 方式可促进冬小麦更多地利用土壤贮水，特别是深层土壤贮水。

（2）开花期茎叶含氮量较高，植株氮素主要在茎叶部位积累。收获期茎叶含氮量明显降低，穗的含氮量提高，植株氮素主要在穗部积累。开花期和成熟期 HLSC-H 的冬小麦各器官全氮含量显著低于 HLSC-L，这与 HLSC 方式高畦和低畦土壤氮素含量差异分布密切相关。开花期和收获期 HLSC 方式的植株氮素积累量最大，其次为 TC 方式，RC 方式最小。植株的氮素积累量随着灌水量的增加呈现增大趋势，在高水或中水处理达到最大。

（3）栽培方式对水分和氮素的利用效率影响极显著。HLSC 方式的 WUE、WUE_{AB}、NUE 和 NPFP 显著高于 TC 和 RC 方式，RC 方式最小。RC 方式的 NPE 在 2017—2018 年和 2018—2019 年显著高于 TC 和 HLSC 方式。相同栽培方式下，WUE 和 WUE_{AB} 随着灌水量的增加有减小的趋势，在中水和低水处理达到最大。NUE、NPE 和 NPFP 随着灌水量的增加而增大，在高水和中水处理达到最大。

四、不同栽培方式下各类水源 δD 和 $\delta^{18}O$ 的分布特征

（1）拟合试验区大气降水量线 LMWL：$\delta D = 6.95 \times \delta^{18}O + 7.16$（$R^2 = 0.90$），该线的斜率和截距均小于全球大气降水量和我国大气降水量线，说明试验区蒸发强度及速率高于全球和全国水平；拟合麦田土壤水线 SWL：$\delta D = 5.84 \times \delta^{18}O - 14.43$（$R^2 = 0.84$），该 SWL 线的斜率和截距均小于LMWL，说明该区土壤蒸发强度以及蒸发速率皆较大；拟合茎秆水线 XWL：$\delta D = 6.54 \times \delta^{18}O - 9.53$（$R^2 = 0.59$），茎秆水同位素主要分布于试验区大气降水量线 LMWL 的右下侧。

（2）土壤水同位素 δD 和 $\delta^{18}O$ 在纵向上呈现明显的指数梯度分布，随土层深度增加而逐渐减小；表层土壤水受蒸发强烈影响，富集 D 和 ^{18}O 重同位素；栽培方式改变土壤水分入渗分布，导致不同栽培方式土壤水 δD 和 $\delta^{18}O$ 同位素剖面分布存在一定差异。

五、不同栽培方式下冬小麦水分来源

（1）不同栽培方式下小麦根系分布存在明显差异。3 种栽培方式下冬小麦的根重和根长密度均随土层加深而逐渐减小，且在不同土层间分布明显差异。

（2）不同栽培方式下冬小麦根系吸收不同土壤层次的水分比例存在明显差异。TC 栽培方式冬小麦根系主要吸水的土壤层次是 0～20cm 土壤水；RC 栽培方式根系主要吸水的土壤层次是 0～60cm；HLSC 栽培方式高畦上小麦在干旱时期根系主要利用 20～60cm，非干旱时期主要利用 0～20cm，而低畦上小麦在整个生育期根系主要吸水的土壤层次保持为 0～20cm。造成根系吸水差异的原因是根系分布和土壤可用水量的多少。

（3）小麦生长季对 0～60cm 土壤水的利用比例达 67.51%。灌溉水仅有 69.07%渗入 0～60cm 土壤层，而将近 30%的灌溉水渗入 60cm 以下，根系难以利用深层土壤水分。因此，建议灌溉计划湿润层的设置不超过 60cm。

六、试验区高产高效的栽培方式及灌溉方案

RC 方式的水流推进速度较快，灌水均匀度高，但其冬小麦生长发育、产量、水分利用效率及氮肥利用效率均最低。这与本研究采用的垄作方式沟间距太大有关，后期可通过改变垄作规格（采取垄上 3 行或拉窄沟间距）继续开展相关研究。相比 TC 和 RC 方式，HLSC 方式显著提高冬小麦分蘖数、LAI、地上部生物量、籽粒产量、WUE、植株氮素积累量、NUE 和 NPFP，是研究区域较为理想的高产高效的栽培模式。在 HLSC 模式下，冬小麦分蘖数、LAI、地上部生物量、籽粒产量、植株氮素积累量、NUE

和 NPFP 随着灌水定额增加而增大，在灌水定额 90mm 时达到最大。WUE 随着灌水定额的增加有减小趋势，但 HLSC 模式下灌水定额为 90mm 时 WUE 的值仍较高（3 年试验 HLSCH 处理的 WUE 分别为 1.42kg/m^3、1.66kg/m^3和 1.93kg/m^3）。因此，HLSC 模式和灌水定额 90mm 的组合能显著提高灌水效率，增加冬小麦分蘖数、LAI、地上部生物量、籽粒产量、WUE、植株氮素积累量、NUE 和 NPFP，是研究区域较为理想的高产高效的栽培模式及灌溉方案。

参考文献

陈龙涛，魏湜，商文楠，等，2012. 种植方式与追肥时期对黑龙江省冬小麦根系生长及品质的影响［J］. 东北农业大学学报，43（1）：60-65.

陈素英，张喜英，陈四龙，等，2006. 种植行距对冬小麦田土壤蒸发与水分利用的影响［J］. 中国生态农业学报（3）：86-89.

陈雨海，余松烈，于振文，2003. 小麦生长后期群体光截获量及其分布与产量的关系［J］. 作物学报（5）：730-734.

董浩，毕军，夏光利，等，2014. 灌溉和种植方式对冬小麦生育后期旗叶光合特性及产量的影响［J］. 应用生态学报，25（8）：2259-2266.

董浩，陈雨海，周勋波，2013. 灌溉和种植方式对冬小麦耗水特性及干物质生产的影响［J］. 应用生态学报，24（7）：1871-1878.

杜太生，康绍忠，张建华，2011. 交替灌溉的节水调质机理及同位素技术在作物水分利用研究中的应用［J］. 植物生理学报，47（9）：823-830.

范雷雷，史海滨，李瑞平，等，2019. 河套灌区畦灌灌水质量评价与优化［J］. 农业机械学报，50（6）：315-321，337.

冯波，孔令安，张宾，等，2012. 施氮量对垄作小麦氮肥利用率和土壤硝态氮含量的影响［J］. 作物学报，38（6）：1107-1114.

冯伟，李世莹，王永华，等，2015. 宽幅播种下带间距对冬小麦衰老进程及产量的影响［J］. 生态学报，35（8）：2686-2694.

耿爱民，武利峰，刘渤，等，2015. 一种小麦高低畦种植方法：

CN104718937A [P].

郭辉，赵英，蔡东旭，等，2019. 氢氧同位素示踪法探测新疆地区防护林和棉花体系水分来源与竞争 [J]. 生态学报，39 (18)：6642-6650.

郝玥，余新晓，邓文平，等，2016. 北京西山大气降水中 D 和^{18}O 组成变化及水汽来源 [J]. 自然资源学报，31 (7)：1211-1221.

霍李龙，苗芳，贾丽芳，等，2017. 种植方式对关中灌区冬小麦冠层光合及产量性状的影响 [J]. 麦类作物学报，37 (8)：1098-1104.

李静，王洪章，许佳诣，等，2020. 不同栽培模式对夏玉米冠层结构及光合性能的影响 [J]. 中国农业科学，53 (22)：4550-4560.

李久生，饶敏杰，2003. 地面灌溉水流特性及水分利用率的田间试验研究 [J]. 农业工程学报 (3)：54-58.

李全起，2006. 不同种植模式下冬小麦夏玉米耗水特性研究 [D]. 泰安：山东农业大学.

李全起，陈雨海，于舜章，等，2005. 灌溉条件下秸秆覆盖麦田耗水特性研究 [J]. 水土保持学报 (2)：130-132，141.

李全起，陈雨海，周勋波，等，2009. 灌溉和种植模式对冬小麦播前土壤含水量的消耗及水分利用效率的影响 [J]. 作物学报，35 (1)：104-109.

李升东，王法宏，司纪升，等，2007. 不同基因型冬小麦在两种栽培模式下蒸腾速率、光合速率和水分利用效率的比较研究 [J]. 麦类作物学报 (3)：514-517.

李升东，王法宏，司纪升，等，2008. 不同种植模式下小麦干物质积累及分配对源库关系的影响 [J]. 华北农学报 (1)：87-90.

李升东，王法宏，司纪升，等，2009. 垄作小麦群体的光分布特征及其对不同叶位叶片光合速率的影响 [J]. 中国生态农业学报，17 (3)：465-468.

李文静，吕光辉，张磊，等，2019. 干旱区荒漠植物体内潜在水源差异及利用策略分析 [J]. 生态环境学报，28 (8)：1557-1566.

李雪松，贾德彬，钱龙娇，等，2018. 基于同位素技术分析不同生长季节杨树水分利用［J］．生态学杂志，37（3）：840-846.
刘保华，苏玉环，申景梅，等，2012. 冀南麦区小麦适宜播种方式研究［J］．河北农业科学，16（8）：9-14.
吕广德，王超，靳雪梅，等，2020. 水氮组合对冬小麦干物质及氮素积累和产量的影响［J］．应用生态学报，31（8）：2593-2603.
马丽，李潮海，赵振杰，等，2011. 冬小麦、夏玉米一体化垄作的养分利用研究［J］．植物营养与肥料学报，17（2）：500-505.
马巧荣，徐猛，韩坤，等，2010. 垄沟覆膜栽培下密度和氮肥对冬小麦个体与群体关系的调控效应［J］．植物营养与肥料学报，16（5）：1056-1062.
邱临静，王林权，李生秀，等，2007. 旱地不同栽培模式和施肥方法对小麦光合产物积累运转的影响［J］．土壤通报（3）：513-518.
司转运，2017. 水氮对冬小麦—夏棉花产量和水氮利用的影响［D］．北京：中国农业科学院.
孙淑娟，周勋波，陈雨海，等，2008. 冬小麦种群不同分布方式对农田小气候及产量的影响［J］．农业工程学报，24（S2）：27-31.
王鹏，宋献方，袁瑞强，等，2013. 基于氢氧稳定同位素的华北农田夏玉米耗水规律研究［J］．自然资源学报，28（3）：481-491.
王同朝，王燕，卫丽，等，2005. 作物垄作栽培法研究进展［J］．河南农业大学学报（4）：19-24.
王兴亚，周勋波，钟雯雯，等，2017. 种植方式和施氮量对冬小麦产量和农田小气候的影响［J］．干旱地区农业研究，35（1）：14-21.
王旭清，王法宏，董玉红，等，2002. 小麦垄作栽培的肥水效应及光能利用分析［J］．山东农业科学（4）：3-5.
王旭清，王法宏，董玉红，等，2005. 不同种植方式麦田生态效应研究［J］．中国生态农业学报（3）：119-122.
王旭清，王法宏，任德昌，等，2003b. 小麦垄作栽培的田间小气候效应及对植株发育和产量的影响［J］．中国农业气象（2）：6-9.
王旭清，王法宏，于振文，等，2003a. 垄作栽培对小麦个体发育和抗逆性的影响［J］．耕作与栽培（5）：21-23.

王政友，2003. 土壤水分蒸发的影响因素分析［J］. 山西水利（2）：26-27，29.

王卓娟，宋维峰，张小娟，2015. 氢氧稳定同位素在森林雾水研究中的应用及展望［J］. 西南林业大学学报，35（4）：106-110.

吴骏恩，刘文杰，朱春景，2014. 稳定同位素在植物水分来源及利用效率研究中的应用［J］. 西南林业大学学报，34（5）：103-110.

吴巍，陈雨海，李全起，等，2006. 垄沟耕作条件下滴灌冬小麦田间土壤水分的动态变化［J］. 土壤学报（6）：1011-1017.

武兰芳，欧阳竹，2014. 不同播量与行距对小麦产量与辐射截获利用的影响［J］. 中国生态农业学报，22（1）：31-36.

武利峰，吴艳芳，杨婕，等，2019. 一种两高四低高低畦种植施肥播种一体机：CN209824364U［P］.

谢文，潘木军，翟均平，2007. 不同垄作覆盖栽培对土壤理化性状耗水特性和玉米产量的影响［J］. 西南农业学报（3）：365-369.

杨斌，2016. 氢氧稳定同位素在植物水分溯源及蒸散组分区分研究中的应用——以中亚热带人工林和黑河中游绿洲农田为例［D］. 北京：中国科学院大学.

余绍文，张溪，段丽军，等，2011. 氢氧稳定同位素在植物水分来源研究中的应用［J］. 安全与环境工程，18（5）：1-6.

余松烈，2004. 现代小麦栽培科学技术及其发展展望［M］. 济南：山东科学技术出版社.

张宏，周建斌，刘瑞，等，2011. 不同栽培模式及施氮对半旱地冬小麦/夏玉米氮素累积、分配及氮肥利用率的影响［J］. 植物营养与肥料学报，17（1）：1-8.

张宏，周建斌，王春阳，等，2010. 不同栽培模式及施氮对玉米—小麦轮作体系土壤肥力及硝态氮累积的影响［J］. 中国生态农业学报，18（4）：693-697.

张伟，张惠君，王海英，等，2006. 株行距和种植密度对高油大豆农艺性状及产量的影响［J］. 大豆科学（3）：283-287.

赵琳，范亚宁，李世清，等，2007. 施氮和不同栽培模式对半湿润农田生态系统冬小麦根系特征的影响［J］. 西北农林科技大学学报（自然科学版）（11）：65-70.

郑淑蕙，侯发高，倪葆龄，1983. 我国大气降水的氢氧稳定同位素研究［J］. 科学通报（13）：801-806.

周始威，胡笑涛，王文娥，等，2016. 基于 RZWQM 模型的石羊河流域春小麦灌溉制度优化［J］. 农业工程学报，32（6）：121-129.

周勋波，孙淑娟，陈雨海，等，2008a. 株行距配置对夏大豆光利用特性、干物质积累和产量的影响［J］. 中国油料作物学报（3）：322-326.

周勋波，孙淑娟，陈雨海，等，2008b. 冬小麦不同行距下水分特征与产量构成的初步研究［J］. 土壤学报（1）：188-191.

朱建佳，陈辉，邢星，等，2015. 柴达木盆地荒漠植物水分来源定量研究——以格尔木样区为例［J］. 地理研究，34（2）：285-292.

AHMADI S H, SEPASKHAH A R, ZAREI M, 2018. Specific root length, soil water status, and grain yields of irrigated and rainfed winter barley in the raised bed and flat planting systems [J]. Agricultural Water Management, 210: 304-315.

BEYER M, HAMUTOKO J T, WANKE H, et al., 2018. Examination of deep root water uptake using anomalies of soil water stable isotopes, depth-controlled isotopic labeling and mixing models [J]. Journal of Hydrology, 566: 122-136.

CAO X Q, YANG P L, ENGEL B A, et al., 2018. The effects of rainfall and irrigation on cherry root water uptake under drip irrigation [J]. Agricultural Water Management, 197: 9-18.

CHEN J, WANG P, MA Z, et al., 2018. Optimum water and nitrogen supply regulates root distribution and produces high grain yields in spring wheat (*Triticum aestivum* L.) under permanent raised bed tillage in arid northwest China [J]. Soil & Tillage Research, 181: 117-126.

CHOUDHURY B U, SINGH A K, PRADHAN S, 2013. Estimation of crop coefficients of dry-seeded irrigated rice-wheat rotation on raised beds by field water balance method in the Indo-Gangetic plains, India [J]. Agricultural Water Management, 123: 20-31.

CRAIG H, 1961. Isotopic variation in meteoric waters [J]. Science, 133 (3465): 1702-1703.

CUI Z, ZHANG H, CHEN X, et al., 2018. Pursuing sustainable productivity with millions of smallholder farmers [J]. Nature, 555 (7696): 363-366.

DANSGAARD W, 1964. Stable isotopes in precipitation [J]. Tellus, 16 (4): 436-468.

DAWSON T E, EHLERINGER J R, 1991. Streamside trees that do not use stream water [J]. Nature, 350 (6316): 335-337.

DAWSON T E, MAMBELLI S, PLAMBOECK A H, et al., 2002. Stable Isotopes in Plant Ecology [J]. Annual Review of Ecology and Systematics, 33 (1): 507-559.

DU T, KANG S, ZHANG X, et al., 2014. China's food security is threatened by the unsustainable use of water resources in north and northwest China [J]. Food & Energy Security, 3 (1): 7-18.

FERNANDO H A, PABLO C, ALFEDO C, 2002. Yield responses to narrow rows depend on increased radiation interception [J]. Agronomy Journal, 94 (5): 975-980.

FISCHER R A, AM I, MO R, et al., 1976. Density and row spacing effects on irrigated short wheats at low latitude [J]. Journal of Agricultural Science, 87 (1): 137-147.

FISCHER R A, MORENO RAMOS O H, ORTIZ MONASTERIO I, et al.,2019. Yield response to plant density, row spacing and raised beds in low latitude spring wheat with ample soil resources: An update [J]. Field Crops Research, 232: 95-105.

FU P L, LIU W J, FAN Z X, et al., 2016. Is fog an important water source for woody plants in an Asian tropical karst forest during the dry season [J]. Ecohydrology, 9 (6): 964-972.

GROSSMAN J D, RICE K J, 2012. Evolution of root plasticity responses to variation in soil nutrient distribution and concentration [J]. Evolutionary Applications, 5 (8): 850-857.

HE J, LI H, MCHUGH A D, et al., 2015. Permanent raised beds improved crop performance and water use on the North China Plain [J]. Journal of Soil and Water Conservation, 70 (1): 54.

HUANG Q, WANG J, LI Y, 2017. Do water saving technologies save water? Empirical evidence from North China [J]. Journal of Environmental Economics and Management, 82: 1-16.

JIA D, DAI X, XIE Y, et al., 2021. Alternate furrow irrigation improves grain yield and nitrogen use efficiency in winter wheat [J]. Agricultural Water Management, 244: 106606.

JIANG R, LI X, ZHU W, et al., 2018. Effects of the ridge mulched system on soil water and inorganic nitrogen distribution in the Loess Plateau of China [J]. Agricultural Water Management, 203: 277-288.

JIANG S, SUN J, TIAN Z, et al., 2017. Root extension and nitrate transporter up - regulation induced by nitrogen deficiency improves nitrogen status and plant growth at the seedling stage of winter wheat (*Triticum aestivum* L.) [J]. Environmental and Experimental Botany, 141: 28-40.

JU X, XING G, CHEN X, et al., 2009. Reducing environmental risk by improving N management in intensive Chinese agricultural systems [J]. Proceedings of the National Academy of Sciences of the United States of America, 106 (9): 3041-3046.

KAUR R, ARORA V K, 2019. Deep tillage and residue mulch effects on productivity and water and nitrogen economy of spring maize in north-west India [J]. Agricultural Water Management, 213: 724-731.

LAL R, HOBBS P R, UPHOFF N, 2004. The Raised Bed System of Cultivation for Irrigated Production Conditions [M]. Florida: CRC Press: 354-372.

LI C, WEN X, WAN X, et al., 2016. Towards the highly effective use of precipitation by ridge-furrow with plastic film mulching instead of relying on irrigation resources in a dry semi-humid area [J]. Field Crops Research, 188: 62-73.

LI J, INANAGA S, LI Z, et al., 2005. Optimizing irrigation scheduling for winter wheat in the North China Plain [J]. Agricultural Water Management, 76 (1): 8-23.

LI Q, CHEN Y, LIU M, et al., 2008. Effects of irrigation and planting patterns on radiation use efficiency and yield of winter wheat in North China [J]. Agricultural Water Management, 95 (4): 469-476.

LIMON-ORTEGA A, SAYRE K D, DRIJBER R A, et al., 2002. Soil attributes in a furrow-irrigated bed planting system in northwest Mexico [J]. Soil & Tillage Research, 63 (3-4): 123-132.

LIU J, SI Z, WU L, et al., 2021. Using stable isotopes to quantify root water uptake under a new planting pattern of high-low seed beds cultivation in winter wheat [J]. Soil & Tillage Research, 205: 104816.

LIU T, CHEN J, WANG Z, et al., 2018. Ridge and furrow planting pattern optimizes canopy structure of summer maize and obtains higher grain yield [J]. Field Crops Research, 219: 242-249.

LIU Z, MA F Y, HU T X, et al., 2020. Using stable isotopes to quantify water uptake from different soil layers and water use efficiency of wheat under long-term tillage and straw return practices [J]. Agricultural Water Management, 229: 105933.

MAHINDAWANSHA A, ORLOWSKI N, KRAFT P, et al., 2018. Quantification of plant water uptake by water stable isotopes in rice paddy systems [J]. Plant Soil, 429: 281-302.

MAJEED A, MUHMOOD A, NIAZ A, et al., 2015. Bed planting of wheat (*Triticum aestivum* L.) improves nitrogen use efficiency and grain yield compared to flat planting [J]. The Crop Journal, 3 (2): 118-124.

MAN J, YU Z, SHI Y, 2017. Radiation interception, chlorophyll fluorescence and senescence of flag leaves in winter wheat under supplemental irrigation [J]. Scientific Reports, 7 (1): 1-13.

MEHMOOD F, WANG G, GAO Y, et al., 2019. Nitrous oxide emission from winter wheat field as responded to irrigation scheduling and irrigation methods in the North China Plain [J]. Agricultural Water Management, 222: 367-374.

PARIHAR C M, NAYAK H S, RAI V K, et al., 2019. Soil water dynamics, water productivity and radiation use efficiency of maize under multi-year conservation agriculture during contrasting rainfall events [J]. Field Crops Research, 241: 107570.

PATRICIO G, KENT M E, KENNETH G C, 2013. Distinguishing between yield advances and yield plateaus in historical crop production trends [J]. Nature Communications, 4 (1): 1-11.

PENNA D, GERIS J, HOPP L, et al., 2020. Water sources for root water uptake: Using stable isotopes of hydrogen and oxygen as a research tool in agricultural and agroforestry systems [J]. Agriculture, Ecosystems and Environment, 291: 106790.

PENNA D, HOPP L, SCANDEELARI F, et al., 2018. Ideas and perspectives: Tracing terrestrial ecosystem water fluxes using hydrogen and oxygen stable isotopes-challenges and opportunities from an interdisciplinary perspective [J]. Biogeosciences, 15: 6399-6415.

PHILLIPS D L, GREGG J, 2003. Source partitioning using stable isotopes: coping with too many sources [J]. Oecologia, 136 (2): 261-269.

PIERIK R, DE WIT M, 2014. Shade avoidance: phytochrome signalling and other aboveground neighbour detection cues [J]. Journal of Experimental Botany, 65 (11): 2815-2824.

RADY M O A, SEMIDA W M, HOWLADAR S M, et al., 2021. Raised beds modulate physiological responses, yield and water use efficiency of wheat (*Triticum aestivum* L.) under deficit irrigation [J]. Agricultural

Water Management，245（2）：106629.

REN X，CHEN X，JIA Z，2010. Effect of rainfall collecting with ridge and furrow on soil moisture and root growth of corn in semiarid Northwest China [J]. Journal of Agronomy & Crop Science，196（2）：109-122.

ROSSATTO D R，SILVA L D C R，VILLALOBOS-VEGA R，et al.，2012. Depth of water uptake in woody plants relates to groundwater level and vegetation structure along a topographic gradient in a neotropical savanna [J]. Environmental and Experimental Botany，77：259-266.

ROTH C H，2005. Evaluation and performance of permanent raised bed cropping systems in Asia，Australia and Mexico [R]. Canberra：Australian Centre for International Agricultural Research ACIAR，Canberra.

SARKER K K，HOSSAIN A，TIMSINA J，et al.，2020. Alternate furrow irrigation can maintain grain yield and nutrient content，and increase crop water productivity in dry season maize in sub-tropical climate of South Asia [J]. Agricultural Water Management，238：106229.

SHI Y，YU Z，MAN J，et al.，2016. Tillage practices affect dry matter accumulation and grain yield in winter wheat in the North China Plain [J]. Soil & Tillage Research，160：73-81.

SI Z，ZAIN M，LI S，et al.，2021. Optimizing nitrogen application for drip-irrigated winter wheat using the DSSAT-CERES-Wheat model [J]. Agricultural Water Management，244：106592.

SI Z，ZAIN M，MEHMOOD F，et al.，2020. Effects of nitrogen application rate and irrigation regime on growth，yield，and water-nitrogen use efficiency of drip-irrigated winter wheat in the North China Plain [J]. Agricultural Water Management，231：106002.

SPRENGER M，STUMPP C，WEILER M，et al.，2019. The Demographics of Water：A Review of Water Ages in the Critical Zone [J]. Reviews of Geophysics，57：800-834.

STOCK B C，JACKSON A L，WARD E J，et al.，2018. Analyzing

mixing systems using a new generation of Bayesian tracer mixing models [J]. PeerJ, 21 (6): e5096.

SUN H Y, LIU C M, ZHANG X Y, et al., 2006. Effects of irrigation on water balance, yield and WUE of winter wheat in the North China Plain [J]. Agricultural Water Management, 85 (1-2): 211-218.

TAN Y, XU C, LIU D, et al., 2017. Effects of optimized N fertilization on greenhouse gas emission and crop production in the North China Plain [J]. Field Crops Research, 205: 135-146.

TILMAN D, BALZER C, HILL J, et al., 2011. From the cover: Global food demand and the sustainable intensification of agriculture [J]. Proceedings of the National Academy of Sciences of the United States of America, 108 (50): 20260.

WANG B, ZHANG Y, HAO B, et al., 2016b. Grain yield and water use efficiency in extremely - late sown winter wheat cultivars under two irrigation regimes in the North China Plain [J]. PloS one, 11 (4): e0153695-e0153695.

WANG F, HE Z, SAYRE K, et al., 2009. Wheat cropping systems and technologies in China [J]. Field Crops Research, 111 (3): 181-188.

WANG F, WANG X, KEN S, 2004. Comparison of conventional, flood irrigated, flat planting with furrow irrigated, raised bed planting for winter wheat in China [J]. Field Crops Research, 87 (1): 35-42.

WANG G Y, ZHOU X B, CHEN Y H, 2016a. Planting pattern and irrigation effects on water status of winter wheat [J]. The Journal of Agricultural Science, 154 (8): 1362-1377.

WANG H, ZHANG Y, CHEN A, et al., 2017. An optimal regional nitrogen application threshold for wheat in the North China Plain considering yield and environmental effects [J]. Field Crops Research, 207: 52-61.

WANG J, LU N, FU B, 2019. Inter-comparison of stable isotope mixing models for determining plant water source partitioning [J]. Science of

The Total Environment, 666: 685-693.

WETZEL K, 1988. A New Interpretation of the Meteoric Water Line [J]. Isotopenpraxis, 24 (8): 311-317.

WU H W, LI J, ZHANG C C, et al., 2018. Determining root water uptake of two alpine crops in a rainfed cropland in the Qinghai Lake watershed: First assessment using stable isotopes analysis [J]. Field Crops Research, 215: 113-121.

WU H W, LI X Y, JIANG Z, et al., 2016. Contrasting water use pattern of introduced and native plants in an alpine desert ecosystem, Northeast Qinghai-Tibet Plateau, China [J]. Science of The Total Environment, 542: 182-191.

WU Y J, DU T S, LI F S, et al., 2016. Quantification of maize water uptake from different layers and root zones under alternate furrow irrigation using stable oxygen isotope [J]. Agricultural Water Management, 168: 35-44.

WU Y, JIA Z, REN X, et al., 2015. Effects of ridge and furrow rainwater harvesting system combined with irrigation on improving water use efficiency of maize (*Zea mays* L.) in semi-humid area of China [J]. Agricultural Water Management, 158: 1-9.

XU C, TAO H, TIAN B, et al., 2016. Limited-irrigation improves water use efficiency and soil reservoir capacity through regulating root and canopy growth of winter wheat [J]. Field Crops Research, 196: 268-275.

XU X, ZHANG M, LI J, et al., 2018. Improving water use efficiency and grain yield of winter wheat by optimizing irrigations in the North China Plain [J]. Field Crops Research, 221: 219-227.

XUE Q, ZHU Z, MUSICK J T, et al., 2006. Physiological mechanisms contributing to the increased water-use efficiency in winter wheat under deficit irrigation [J]. Journal of Plant Physiology, 163 (2): 154-164.

YANG B, WANG P Y, YOU D B, et al., 2018. Coupling evapotranspiration partitioning with root water uptake to identify the water consumption characteristics of winter wheat: A case study in the North China Plain [J]. Agricultural and Forest Meteorology, 259: 296-304.

YANG B, WEN X F, SUN X M, 2015. Irrigation depth far exceeds water uptake depth in an oasis cropland in the middle reaches of Heihe River Basin [J]. Scientific Reports, 5 (5): 289-296.

ZHANG G, MO F, SHAH F, et al., 2020. Ridge-furrow configuration significantly improves soil water availability, crop water use efficiency, and grain yield in dryland agroecosystems of the Loess Plateau [J]. Agricultural Water Management: 106657.

ZHANG G, WANG X, SUN B, et al., 2016. Status of mineral nitrogen fertilization and net mitigation potential of the state fertilization recommendation in Chinese cropland [J]. Agricultural Systems, 146: 1-10.

ZHANG J, SUN J, DUAN A, et al., 2007. Effects of different planting patterns on water use and yield performance of winter wheat in the Huang-Huai-Hai plain of China [J]. Agricultural Water Management, 92 (1): 41-47.

ZHANG W, CAO G, LI X, et al., 2016. Closing yield gaps in China by empowering smallholder farmers [J]. Nature, 537 (7622): 671-674.

ZHANG X, DAVIDSON E A, MAUZERALL D L, et al., 2015. Managing nitrogen for sustainable development [J]. Nature, 528 (7580): 51-59.

ZHANG Y C, SHEN Y J, SUN H Y, et al., 2011. Evapotranspiration and its partitioning in an irrigated winter wheat field: A combined isotopic and micrometeorologic approach [J]. Journal of Hydrology, 408 (3): 203-211.

ZHENG L J, MA J J, SUN X H, et al., 2019. Effective root growth zone of apple tree under water storage pit irrigation using stable isotope methodology [J]. Archives of Agronomy and Soil Science, 65 (11): 1521-1535.